友者生存 2
世界和我爱着你

李海峰 劳家进 汤 蓓 主编

华中科技大学出版社
http://press.hust.edu.cn
中国·武汉

图书在版编目（CIP）数据

友者生存.2,世界和我爱着你/李海峰,劳家进,汤蓓主编.—武汉:华中科技大学出版社,2024.5

ISBN 978-7-5772-0673-8

Ⅰ.①友… Ⅱ.①李… ②劳… ③汤… Ⅲ.①成功心理-通俗读物 Ⅳ.①B848.4-49

中国国家版本馆 CIP 数据核字(2024)第 056375 号

友者生存 2：世界和我爱着你　　　李海峰　劳家进　汤蓓　主编
Youzhe Shengcun 2: Shijie he Wo Aizhe Ni

策划编辑：沈　柳
责任编辑：沈　柳
封面设计：琥珀视觉
责任校对：刘　竣
责任监印：朱　玢
出版发行：华中科技大学出版社（中国·武汉）　　电话：(027)81321913
　　　　　武汉市东湖新技术开发区华工科技园　　邮编：430223
录　　排：武汉蓝色匠心图文设计有限公司
印　　刷：湖北新华印务有限公司
开　　本：880mm×1230mm　1/32
印　　张：8.5
字　　数：213千字
版　　次：2024年5月第1版第1次印刷
定　　价：52.00元

本书若有印装质量问题，请向出版社营销中心调换
全国免费服务热线：400-6679-118　竭诚为您服务
版权所有　侵权必究

PREFACE
序 言

"世界和我爱着你" 是我们"友者生存"线下课的课程主题句。

没有人是一座孤岛,我们和万事万物都有联系。我们都希望有能力做到,**独处时照顾好自己,相处时照顾好别人**。

我们每个人就是一个小系统,然后和外界组合成一个大系统。对他人保持善意,让自己停止内耗,我们都希望有能力过得幸福自在。

如果你平时不怎么习惯说"爱"这个字,那么,你可以把它换成"懂"字。我认证了 5000 多名 DISC 授权讲师,修炼出来的最核心的能力就是向他人传递"我懂你"。

每遇到一个人,通过倾听,通过交流,感知情绪,就能建立起联系。我们都可以**变成桥梁,而不是变成高墙**。

这本书收录了 37 位联合作者的文章,每篇文章彼此独立。你可以先通读一遍,我们把作者们的二维码都放到书里。如果你发现了同频的作者,不仅可以多读两遍他的文章,还可以直接扫码联系他,相互交流。我分享一下我的读书笔记,作为你的"开胃小菜",相信你一定会在这本书里有很大的收获。

光鹏飞是家庭成长顾问。他认为,在任何时候,我们都必须拓宽自己的眼界,看得远、看得广,才能让自己不迷茫。

桂灵是JMT课程开发导师。她的观点是:只有不断修炼内心,完善自己的内在,我们才能在面对人生际遇时保持平和、从容和喜悦的心态。

郭小清是猎企总经理。她呼吁:"酒香不怕巷子深"的时代早就结束了,我们要转变思维,主动出击,才能在这个充满机遇和挑战的时代中立于不败之地。

何家毅是高级家族律师。他意识到,真正的风险源自我们每一个人的内心。

何梓兵是企业培训师。他在深圳生活了超过十年,一直身处职场,不断突破自我。

黄天琦是演讲、表达、沟通高级讲师。他的母亲教会他,人要拥有大爱之心、利他之心和感恩之心。

黄永静是儿童心理咨询师。她认为,养育孩子的过程,就是父母自我成长的过程,它让我们更好地了解孩子、认识自己,让我们成为更完整的人,过上更丰富的人生。

姜韦羽是银行领域财富管理培训师。她说,无论我们走向哪个方向,只要我们坚定自己的信念,努力前行,不让人生留下遗憾,就是最好的路。

康从容(Carrie)是 HR 成长教练。她的观点是:人生不止一种可能性,所以不可能只有一个"正确"的你。她看到了职业成长中的自己,看到了不断走出舒适区,顺应变化,走出不同版本的人生之路的自己。

孔德方是科学催眠倡导者和传播者。他的终极使命——把世界上最先进的催眠技术带进中国,让中国催眠行业与世界同步。

李林芮是互联网微创业教练。她说,任何能力都可以通过刻意练习获得,我们应该按自己想的过,而不是按自己现在过的想。

李玲是非暴力沟通极致践行者。她发现,爱是认真细致的观察,爱是深入的感受,爱是满足合理需求,爱是提出具体请求。

梁莉是企业内训师。浮沉半生,她努力过,争取过,有过挫折,也有过失败,却依然对生活充满热爱。

林晓丽是高级儿童阅读指导师。她提出了三点建议:首先,成为自己的贵人;其次,找到能帮助你成长或是帮你挣到钱的贵人;最后,要成为别人的贵人。

马帆是 20 多年自然疗法践行者。在新的起点上,她不仅分享健康体验,还持续分享健康的生活方式。

梦静是主持人、演讲教练。近几年来,她一直致力于政府、企事业单位大型活动的主持与策划工作,因此在专业技能、人脉资源以及跨界社交方面取得了显著的提升。

莫桑花是百万营销方案操盘手。在经历人生巨变后,她一直相信一切都是最好的选择。

那予希是高校项目实战派资深督导。在她眼里,每一个稚嫩的生命都有着无限的可能,即便是内心受伤或生病,通过慢慢引导和改变,人生也可以照样精彩。

潘璆是女性成长导师、家庭教育讲师。她特别喜欢尼采说的一句话:"我们都是未完成的人。"这表明我们可以不被定义,拥有无限可能。

师维是中国科学院心理研究所2018级研修班学员。她提出了几条宝贵建议:首先,要搞清楚自己真正想要的是什么。其次,不要忽视自己的成长。最后,不要害怕失败。

十月长是金山办公最有价值专家(KVP)。她找到了自己的热爱,成长为一名PPT培训师和设计师,不仅靠这份热爱养活了自己,实现了人生的破局,还成功将热爱变成了事业。

石建业是20年人生管理领域研究实践者。他说,无论你的现状如何,你都可以勇敢选择自己的人生,只要你迈出第一步!

史佳聆是正向成长、幸福力引导师。她的观点是:生活总会迎来美好,新的故事值得期待。如同四季更迭,美好的事物在路上,追光的人终会光芒万丈、闪闪发光。

水晶是微创业教练。她认为:一个人的灵魂,只有在独处中,才能洞照自身的澄澈与明亮,才能盛享生命的葳蕤与蓬勃。

汤蓓是汤蓓精准规划创始人。她说,在一个大多数人都在竞争的环境中,不要试图鹤立鸡群,而是要远离那群鸡,这是选择的智慧,愿每个人都活在自己的节奏中。

王薇莉是数字化管理培训师。她一直深信自己有一个闪耀的未来,努力成为那个坚定勇敢、每年都能实现一个个小目标,并能助力他人成长的自己!

王云是成长导航妈妈。她"裸辞"带娃,开启了40岁新征程,她将带着感恩之心,以终为始,日日反思,认真活好当下的每一天。

魏志峰是华策咨询创始人。在过去的20多年里,他只专注于一件事:陪跑企业经营员工,帮助他们实现向内盈利。

夏军是研学教育培训师。生命就是一次漫长的旅程,她想用一生去支持人们,永远带着爱与勇气,以积极的方式直面人生,让每段生命旅程都活出属于自己的那份精彩！

夏天姐是坤幸福太太创始人。她说，我们所有的努力是为了活得更加精彩。生命因梦想而伟大，因梦想而精彩。

香凝是心理咨询师。因为她曾经走过深渊，所以她愿意为深渊中的家庭点亮一盏灯，照亮他们前行的路，陪他们一同走出困境，重塑未来！

杨志强是18年体验式培训设计师、讲师。他说，我们只有不断练习、践行、修正，在日用常行中不断地打磨、修炼自己，才有可能收获发自内心的快乐，一种因成长和成就而带来的真正快乐！

赵靓是个人天赋、企业战略高端定制导师。她热切期望着一个世界，其中每个人都能做自己喜欢的事情，热爱自己所做的事情，同时在精神和物质层面获得相应的回报。

珍妮是理财规划师。她回首前半生，无比感恩出现的每位恩人和贵人，正是因为有了他们的爱，成就了独一无二的自己，让平凡又渺小的她不再惧怕人生的风风雨雨，内心充满平静而又强大的力量。

周颖（Sindra）是职业生涯规划师、复旦大学管理学院企业导师。她呼吁，从现在开始，当好自己人生的CEO，以开放、积极主动的心态去拥抱变化，利用自己的优势和核心竞争力找到正确的发展方向，持续地学习并让自己不断成长，坚定自己的目标一路走下去。

梓亮是逾 15 年家庭资产配置专家。他说，以内在特质驱动投资理财和家庭配置，本质上是尊重自己、热爱自己的生活态度。

冯心台是品牌故事片导演、品牌艺术顾问。她专注于研究 IP 故事片价值资产，让其释放巨大能量，引爆影响力。

我太太有的时候给我们家小朋友讲道理：**"你觉得别人好，别人不一定好，但你自己肯定好；你觉得别人差，别人不一定差，但你自己肯定差**。"静下心来想想，这句话还是有点道理的。你把注意力放在什么上面，这决定了你的心态。

我还听过一句话："亲爱的，外面没有别人，只有你自己。"

你对别人做的事情，就是在对自己做的事情。你希望被爱，就努力去爱。

所以，希望这本书不仅传达"世界和我爱着你"的信念，让你感知到支持和温暖，还能让你去爱、去行动。

人人献出一点爱，世界到处充满爱。

李海峰

独立投资人

畅销书出品人

贵友联盟主理人

2024 年 4 月 28 日

目录 CONTENTS

从焦虑到从容，我经历了什么？	按自己的方式过一生	变是永恒的主题
光鹏飞 1	桂灵 8	郭小清 15
经历人生的大起大落后，我专注于家族财富规划	成长，需要花一辈子	深受母亲的影响，我在表达沟通方面有独到的领悟
何家毅 23	何梓兵 30	黄天琦 36
愿我们都被温柔以待——亲子养育的秘密	路	顺势而为，创造更多的可能性
黄永静 42	姜韦羽 49	康从容（Carrie） 56
遇见催眠，让我成为改变别人命运的人	请不要停止前进的脚步，因为你值得拥有更好的	结婚十年，我好像活了两世
孔德方 63	李林芮 71	李玲 77
生命中的每一次挫折，我都视为美好的馈赠	全职妈妈的追梦人生	一个民间中医的成长历程
梁莉 84	林晓丽 90	马帆 96

以"声"作则，传递价值——你终究会成为你正在成为的人 梦静 *102*	**一切都是最好的选择** 莫桑花 *109*	**让自己成为光，温暖身边更多的星星** 那予希 *116*
我唱我写的"七自歌" 潘璆 *124*	**一个女性游戏行业从业者的心声** 师维 *131*	**我宣誓：我自愿放弃稳定的人生** 十月长 *138*
学会管理人生，从容漫步人生 石建业 *145*	**职高少女逆袭入职世界五百强企业** 史佳聆 *153*	**奔四的觉醒——向美而生，向光而行** 水晶 *160*
不要鹤立鸡群，要远离那群鸡 汤蓓 *166*	**活好当下，拥抱未来** 王薇莉 *173*	**我们已经很好了，只需要更好地做自己** 王云 *180*
经营企业就是经营员工，每个个体都闪闪发光 魏志峰 *187*	**心跟爱一起走** 夏军 *195*	**幸福是女人一生的必修课** 夏天姐 *201*

从绝望到重生——我如何帮助孩子摆脱休学的困境

香凝
208

看《论语》,学管理

杨志强
215

协议人生=惬意人生

赵靓
222

回首我的前半生,我的内心充满感恩

珍妮
228

变化的时代,职场人士应该如何更好地应对?

周颖(Sindra)
235

你的内在特质,决定了你投资理财的起点和高度

梓亮
242

品牌生命力:商业价值的表达与美学思考

冯心台
249

友者生存2：世界和我爱着你

阅读不仅是一种学习方式，更是一种心灵的滋养，让我在人生的道路上更加坚定和自信。

从焦虑到从容，我经历了什么？

■ 光鹏飞

家庭成长顾问
学习指导师
生涯规划师

我来自鄂尔多斯这座曾经历"鬼城"风波的四线城市，当然这座城市早就走出了那个短暂的低谷。我也在那几年跟着这个城市经历了一次人生低谷——创业失败，背负了上百万元的债务。我也曾迷茫过、焦虑过、痛苦过，但都挺了过来，后来开启了自己新的事业。我现在是一名学习指导师和家庭成长顾问，帮助很多家庭摆脱焦虑，帮助很多孩子学会了正确的学习方法，养成了良好的学习习惯，在不需要补课的情况下，提高了自己的学习成绩。

回首这十几年的心路历程，我感慨万分。从当初的焦虑、迷茫，到现在的从容、淡定，我经历了什么，只有自己知道。我偶尔会和朋友分享一些自己的感悟，后来找我聊天的朋友多了起来，我发现自己的分享能帮助很多人，这让我倍感欣慰。

我在思考这几年有哪些重要的人生经验可供分享，于是就在纸上一条一条地记录，一不留神竟然写了80多条。这些经验都源于我自己的亲身经历，并在日常的工作与生活中经常运用，也帮助过很多人。于是，我将这些经验做了合并整理，并为每一条经验打分。对8—10分的经验，我排了一个序。我又把近十年来自己认为重要的事情列了出来，与这些经验的序号一一对应。最后，我选出了排名前三的经验。

1. 在不知道该怎么做的时候，一定要想办法拓宽自己的眼界。
2. 遇到事情不要慌，要"拆开来""往深挖"。
3. 直面麻烦，从最小事做起，所有的坎总能过去。

2011年，我经历了人生最痛苦的时刻。当时，我经营着一家本地社交网站，由于决策失误等问题，公司一度陷入经营困境。最艰难的时候，甚至要借高利贷发工资。无奈之余，我抱着学习的心态参加了百度开发者大会,后来又参加了由一帮山西老乡在北京举办的山西IT互联网大会。这些经历让我认识了很多优秀的互联网从业者,通过与他们交流,我认识到自己存在的问题。于是,我果断止损,把项目停掉了,也因此欠下了近100万元的外债。

在那次去北京之前,我以为在互联网上什么信息都能找到,尤其在一个小地方,很容易自以为是。经过那次学习,我才明白,虽然信息都能找得到,但谁能给你带来信息更加重要,信息的权重很重要,我们是很难了解到圈子内部的有价值的信息的。从那以后,我发现了一扇通往更大世界的大门,就是通过到北京这样的大城市学习,拓宽自己的视野,寻找新的机会。

当然,更重要的是认识更多的高人。2013年,我参加了著名战略咨询大师姜汝祥博士的线下电商战略课,这为我开启了新的人生篇章。课程结束后,我通过微博组织了一场有100多人参加的线下电商沙龙,给大家分享我学到的知识。在持续的分享中,我周围的朋友越来越多,我办的沙龙最终成了当地小有名气的沙龙——"草原论电"。2013年,微信崛起,全国各地都在召开招商会,大都是借着新一代商机的名义"割韭菜"。由于我为大家分享了很多前沿信息,大家也明白了其中的秘密,导致那些招商会很难成功。因此,我也获得了赞誉。

也正是姜汝祥博士的课程,让我知道了《罗辑思维60秒》,并通过罗振宇老师的节目推荐,了解了吴伯凡、梁冬老师和《冬吴相对论》。还有对我帮助非常大的雾满拦江老师,因为他,我参加了第一期拦江书院,认识了很多非常厉害的同学。我后来的成长和决策都与这些人和事密切相关,包括DISC+社群的联合创始人李海峰老师。如今,甄有才的DISC测评也是我工作中的一个重要工具,它帮助我解决了众多家庭的亲子关系和夫妻关系问题。

随着接触到的人越来越多，我发现他们有一个共同的特点，那就是热爱阅读。我也开始读很多的书，不仅自己读书，也会给周围朋友推荐优秀的书籍，甚至买书送给朋友。身边的朋友并不知道我在2013年之前是很少读书的，从2013年开始，我如饥似渴地读各种好书，从中汲取知识和能量。通过不断阅读，我获得了很多知识，更加深入地理解了世界的复杂性和多样性。阅读不仅是一种学习方式，更是一种心灵的滋养，让我在人生的道路上更加坚定和自信。

在任何时候，我们都必须要拓宽自己的眼界，看得远、看得广，才能让自己不迷茫，而拓宽自己眼界最好的方式就是走出去、识高人、读好书，三者缺一不可。

我还有一条比较重要的经验，那就是遇事要"拆开来""往深挖"，也就是通过拆解问题、深挖问题来解决难题。

实际上，我能总结出第二条经验，也是因为第一条"走出去"的经验。拦江书院的好友吴刚邀请我一起参加混沌大学的邮轮游学。为了参加船上的比赛，我在一个月内学习了混沌大学的许多课程。其中，我深入研究了"组合创新"模型中的"拆解"环节，以及沈拓老师讲的"U型思考"课程。

什么是"拆开来"呢？

在面对问题时，我们常常会被问题的复杂性和困难吓倒，觉得无从下手。但是，如果我们能够将问题拆解成若干更小、更具体的子问题，那么解决起来就会更加简单。就像解构一张复杂的拼图，只有将每一块小拼图找到并正确拼接，才能最终完成整个拼图。所以，**学会问题拆解是解决问题的关键之一。**

我现在是一名学习指导师，尽管不直接为孩子们辅导功课，但是我经常引导他们运用"拆解"问题的方法，最后他们也发现并掌握了这个方法，一个个难题迎刃而解。"拆解"，也成为我"无须补课即可提高成绩"的教育理念中的一项重要内容。

其实，如果我们细心的话，会发现很多高手解决问题时，都会首先采用拆解策略。我在很多老师的分享中，多次听到"拆解"两个字。

当然，仅仅进行问题拆解是不够的，我们还需要学会往深挖，了解事物的本质。很多时候，问题的根源并不在表面，而是隐藏在更深层次的因素之中。只有通过深入了解和挖掘，我们才能找到问题的真正原因，并采取有效的解决措施，获得更高的效率。

拆解问题和往深挖并不是孤立的，而是相互关联、相互促进的。当我们拆解问题时，我们会发现问题的每个子问题都有其独特性和本质。而通过往深挖，我们能够更好地理解每个子问题的本质，并找到它们之间的关联。这种相互关联的思考方式，能够帮助我们更全面地把握问题，并制定更有效的解决方案。

有的人可能会说："道理我都懂，可是我要么不知道该如何下手，要么总是拖延。"

如果我们认识到这些想法和行为源于内心的恐惧，面对恐惧并寻求解决方法的途径也会慢慢浮现。

雾满拦江老师分享过一个观点："坏情绪来自恐惧。"比如愤怒、焦虑、委屈、烦躁、忧虑等。我恍然大悟，突然明白了为什么在面对一些事情时，我会嫌麻烦，或者对一些突如其来的事感到愤怒。

当我们无法预测各种未知时，就会产生恐惧，进而引发一系列的负面情绪。比如，有些人常抱怨"真麻烦"。的确，对于大多数人来讲，超出自己预想的情况，突如其来的一些事情，会让自己心里很烦。那么，我们去看一看这些事情，是可以逃避掉的吗？大多数事情是不可以的，即使现在躲过去了，更大的麻烦往往跟在后头。随着一次又一次地栽跟头，我们对麻烦事情的厌恶感逐渐加剧。

既然躲不掉，为什么不勇敢面对，认真地想一想这些麻烦的事情呢？**当我们面对难题时，这种为难的情绪，本质上是一种对未知的恐惧，要让自己直面这些问题，才有可能看得清楚。**至于怎么行动，先不着急，我们先被动地接受这个"无法逃避"的现实，然后再深入挖掘恐惧的本质。

这就用到了第二个经验中的"拆解"能力了，我们需要仔细地拆解我们所面临的问题，将其逐一分解。分解后的问题变得较小了，你会发现每一件小事情都容易做了，恐惧自然就没有了，情绪也就稳定了。

有一次，我在阅读周岭老师的《认知觉醒》一书时，他分享的跑3000米的经历让我想起我有一次独自开车回山西老家。那是一段超过600千米的漫长旅程。那时候，天快黑了，但我很快就进行了任务分解，先告诉自己第一个目标是50千米，这个目标很好完成。每当我开完10千米，我就告诉自己已经完成1/5了，再开10千米，就完成2/5了。当我开完50千米后，我感到很开心，因为已经接近整个路程的1/12了。看到这里，你是不是觉得有点自欺欺人？其实正是这个方法，让我安全、稳健地完成了行程。

这个"小步快跑"的办法也可以应用于我的工作中，帮助孩子解决作业拖拉的问题。

我鼓励孩子们要面对问题，既来之则安之，然后引导他们拆解目标，把一个个目标拆解为较小的目标。开始行动时，只盯住最近的一个小目标，暂时忘掉自己的作业还有很多。每完成一个小目标，就鼓励自己一下。当孩子们沉浸在每一个小任务中时，他们就进入了心流状态，不知不觉地推动着作业进程。当发现自己竟然做了一大半时，他们会兴奋不已。这不就是当下的力量吗？这不就是正念的奇迹所讲的方法吗？

当我们面对困难的时候，其实最难的是第一步——面对。只要敢正视，内心的恐惧就会开始降低，当感性的情绪在降低时，理性的思考就会增加。通过不断地拆解，把大问题变成小问题，内心的恐惧会进一步降低，当我们只盯住最近的小目标时，内心的恐惧就完全消失了。当一个个小目标完成的时候，最终的胜利也就来临了。

后来，我也读过九边老师的《复杂世界的明白人》和李松蔚老师的《5％的改变》，这两本书都提过类似"小步快跑"的方法。其实，迈出小小的一步就已经很棒了！可大多数人总会忽视这个小小的改变，总会盯住那个让自己恐惧的"庞然大物"，结果一直拖延，为自己找借口。

读到这里，你是不是对王健林的"小目标"有了新的认识？

可惜我明白这个道理有点晚，导致错过了很多机会，幸运的是还不算太晚。"种一棵树最好的时间是十年前，其次是现在。"我第一次听到这句话是在 F82 期 DISC 双证班上，海峰老师讲的，当时我很震撼，也很羞愧，因为很多事情明明可以马上开始。

幸好我已经明白了这个道理，所以在这几年帮助了很多家长和孩子。每当看到家长和孩子脸上的焦虑消失、变得开心时，我内心都会充满温暖。

正如这本合集一样，开始了，就是美好的。

> 在人生低谷时，我们除了坚持运动、阅读、学习和社交，还要不停地反思，与自己的内在对话，探寻灵魂的缺失。

按自己的方式过一生

■ 桂灵

JMT 课程开发导师
企业培训经理
西南交通大学 MBA 硕士

我一直是一个规划清晰、目标明确的人。因为没有参加课外补习，我从小就开始思考自己是谁，将来要做什么。当然，我思考最多的是老年时要做什么。我希望像陶渊明一样过隐居生活，当闲云野鹤。如果不知道自己要什么，那就从不要什么开始反推。**我虽然很懒，但一开始就知道自己在某些事情上是不会将就的，自己的人生要自己说了算。**

因此，我从小就知道必须努力，让自己有选择的自由，否则所谓的"不将就"就是一句空话。我要去征服知识的星辰大海，将别人身上的优点学过来，让自己的内心变得强大，不断提升自我技能，哪怕跌跌撞撞也要慢慢变得智慧通透。本着这样的信念，我周末不是在学习，就是在去学习的路上。大学毕业后，凭借多年的学习惯性，我不断去考各种资格证书，追求升学机会和技能提升，一直没有停过。就这样我一路奔波到了 36 岁，工作、学习、家庭连轴转：公司业务蒸蒸日上，带领培训团队开展各种人才发展项目，晚上十一点赶着交报告；周末两天坚持去上 MBA 研究生的课，尽管疲惫不堪；特别害怕上班时间接到学校老师的电话，又要请假去处理小孩的问题。工作越来越忙，学习越来越累，小孩好像也越来越不听话。这三重压力叠加，突然有一天，我的情绪一下子就崩溃了，整个人都扛不住了。

人生的睁眼工程——保持健康，闭眼工程——教育小孩，人生就是在睁眼闭眼之间流转。夫妻双方总要有一方先慢下来，陪伴孩子，以免晚年因为小孩问题而无法安心。老公愿意离职陪小孩，虽然他的工资高过我，但他担心我管不好。然而他的领导不批准他的离职申请。虽然老公没有理所当然地认为我应该牺牲事业、该离职，虽然我很喜欢培训的工作，但现实总是残酷的，总要有所取舍——我选择了离职。

友者生存2：世界和我爱着你

我既然选择从热火朝天的职场上退下来，回归家庭，陪伴小孩，那就要预估未来可能要面临的问题，早早"打好预防针"。**第一个面临的问题是经济收入**。让我每天看人脸色要钱，不出三天就会吵架，所以我一开始就和老公谈好，每个月他将工资分我一半，给我作为零花钱，用于社交、学习和旅游，我不能因为回归家庭就放弃投资自己。至于家里其他开支，由他承担。我再明确提出，我本来就不擅长带娃，虽然付了"工资"，但不能有"KPI考核"。**第二个面临的问题是面对他人的眼光**。我不愿意因为这件事老被人问东问西，进而各种解释。这个好办，直接谁都不告诉。我的朋友圈除了工作、学习、好玩的事情，私人生活动态一概不分享。过得好，不跟人说；过得不好，也不跟人说，主打低调的自由自在。**第三个面临的问题是未来的职业规划**。我也不知道这样的日子要过多少年，总不能到时抱怨家人拖我事业的后腿。事到临头，怪谁也没用，既然做了选择，就要承担后果。恰好前任领导的公司要招自媒体运营和课程开发人员，工作时间也相对自由。他对我的能力一清二楚，何况我所掌握的培训专业技能都得益于他的教导，这无疑又是一次很好的学习机会！低谷遇贵人，老天爷待我不薄呀！我从未中过奖，好运气大概都放在贵人运上了。**第四个面临的问题是忍住不投资**。人在低谷，为了摆脱迷茫，更为了证明自己，特别容易急功近利、乱投资，因为心态不平衡，结果往往亏得更多。如果在经济最"热"的时候，都没赚到钱，那么不太可能在经济下行时暴富，不要高估自己的能力。

尽管提前做好了准备，但实际遇到的考验比想象的难，我用尽全力，"关关难过，关关过"。**第一个关卡就是如何管娃**。世界上有一种妈叫"自己很会，但一教娃就废"。想象一下这个场景，妈妈时不时把头扎进冰箱冷静，换爸爸教，不到三分钟，爸爸也炸毛。不教娃永远不知道自己的脾气能差成什么样。鸡飞狗跳、鬼哭狼嚎，命要紧，还是花钱请人教吧。我也看了许多育儿书，考了一个高级家庭教育指导师证，貌似有点用，但作用不明显。有一天，我看到小朋友和同学的合影，孩子显得那么的不快乐。在我印象里，孩子一直都是活泼可爱又调皮捣蛋的，跟我小时候差不多，什么时候孩子变得那么不爱笑、那么神经紧绷了？每个孩子都是父母的一面镜子，孩子的不快乐其实就是父母情绪的映射。我们一直这样马不停蹄地努力，却早已忘了当初努力的目的。我用项目管理的思维来教育孩子，制定各种任务清单，没有一刻是在享受亲子时光，而是像完成任务一样，匆忙推动进度条。我最初的人生目标不是过闲云野鹤、自由自在的生活吗？为了高效工作，我屏蔽掉了一切情绪感知，察觉不到内心深处的焦虑和不快乐。我总以为咧开嘴巴笑就是快乐，其实真正的快乐是内心平和，既宁静又喜悦。我一直按照大多数人的生活轨迹：学习、工作、结婚生子、努力挣钱、买房买车，一刻也不敢懈怠。当我观察了周围很多人后，我意识到生活方式远不止一种。例如，师兄经常爬珠峰雪山，有时间就教尼泊尔的小孩中文；一位美女博士放弃高薪，在海边定居，陪孩子体验另一种生活；一个 30 多岁的小哥哥不结婚，用买房的钱买了一艘轮船，乘风破浪，环游世界；还有许多刚毕业的年轻人定居大理，从事自由职业。我开始放慢脚步，每当睡不着觉又开始焦虑时，就反复阅读《少即是多》《低欲望社会》《陶渊明的幽灵》这几本书。我平时读得最多的就是林清玄的十本菩提书，心态渐渐平和，我学会了在一旁默默地观察孩子，静静地与自我内在对话。其实孩子没啥问题，有问题的是大人。大人心态出了问题，作用到小孩身上。我们应该每天休息好，保持愉快的心情，只做 1−2 件重要的事情，留出时间给美好的事物。少即是多，慢即是快！

大人心态好了，孩子情绪也好了。除了寒暑假期间，我可以抓住机会让孩子阅读，周末带着他四处游玩长见识。在这种情况下，我利用空闲时间忙公司的自媒体运营和课程开发。在此，**我遇到了第二个关卡，那就是如何从资深培训经理转行为课程设计师**。十几年来，我一直专注于培训领域，曾服务过外资企业、民营企业和私企，除了当课程设计师、职业讲师、顾问外，培训与发展的工作我都尝试过多遍。我听过无数堂课，改过许多课件，自己也时常上台讲课，因此，我认为课程设计应该没那么难。现实中，"打脸"太快。现在的课程设计不仅仅是堆积素材和梳理逻辑框架，还涉及知识分类。我需要分析是用任务场景还是用知识图谱，如何找到知识的最小颗粒，如何开发学习素材和设计教学活动，以及学习心电图、知识点讲解六步法等。知识分类这一环节就让我感到压力巨大，几乎要怀疑人生。我设计的第一门课程是时间管理，看了七八本书，涵盖了时间管理的原理、策略、工具、方法和具体步骤，我认为挺实用的，结果课程设计方案并未通过。时间管理实际上就是列工作清单、选择要事，然后开启番茄钟，完成任务，就这么简单。针对每个知识点，我都要找案例、做导入、编练习题、设计运用和实操，每一步都让我感到焦头烂额。若知识点没理解透，半步都难以进行。我翻了所有相关的书，发现有些知识点是缺失的，需要自己补充，问题是我根本不知道缺在哪、哪里缺。折腾了一段时间后，我真觉得自己肚子里都是草，明显就是知识积累不够。要进步，最笨的办法就是大量阅读，将书里的知识点画成思维导图。刚开始，我动手画在纸上，后来改用电脑画。虽然过程看似漫长，但能提升个人的归纳总结能力和增加知识储备。时间一久，我就知道哪些知识点有用，缺了什么，如何将它们连起来设计成一门课。课程设计的要求是把别人教会，真正能运用于实际。课程设计人员下的功夫越深，设计出来的课程对学员越有帮助。我针对自己以往在职场上遇到的问题或不足来开发课程，发现只有能培训好自己，才能教会别人。"重回注意专区""深度工作""快速、有逻辑地汇报""高情商表达""职场故事化""即兴演讲"等21门课程，这些都像是为我自己开发的。先让自己从知道到做到，才更有信心去教别人。因为写MBA论文，我看了五十多本培训专业书，又趁热开发了"培训经理破局""SAVI学习法""4D法""6D模型""复盘""人才盘点"等9门关于培训工具运用的课程。每个知识点涉及的案例素材、学习活动、讲师话术都需要大量的积累。在这个过程中，我反复打磨修改，多次遇到瓶颈，几乎要放弃，却又坚持了下来。事实证明，培训经理和课程设计师完全就是两个不同的岗位，一切都是从零开始，有些过往的成功经验可能还会成为我前进的阻碍。

第三个关卡就是自律。每天被KPI催着、上足发条、时间不够用的人是体会不到自律的。当时间相对自由，每天面对的都是重要但不紧急的高难度任务，再加上身边充斥着许多诱人却又可能拖后腿的娱乐时，我们才会意识到自律的重要性。不自律的人生，除了长胖，其他许多方面都在退步。想要跑步五公里，却坚持不了两天；想要大量阅读，却发现电视剧比专业书有趣多了。我们需要和自己的天性做斗争，因为大脑总是叫嚣着休息和躺平。《微习惯》这本书给了我启发，每天只须运动10分钟，阅读2页书，这样就很容易坚持下去。面对高难度的任务，就将其分解成一个个小任务，如每天写100字论文，或每天搞定一个知识点的一个教学步骤。哪怕质量不高，也要要求自己往下写。中途出现放弃的念头，要重新坚持也很容易，因为任务足够小，难度降至可以忽略不计的程度。在四年多的时间里，我靠着微习惯完成了研究生论文，一次性通过答辩（通过率约60%），开发设计了 30 多门课程，养成了许多微小习惯，掌握了许多技能。2022 年 3 月，我以全职身份进入职场，既是培训负责人，又是课程设计师。

在人生低谷时，我们除了坚持运动、阅读、学习和社交，还要不停地反思，与自己的内在对话，探寻灵魂的缺失。只有不断修炼内心，完善自己的内在，我们才能在面对人生际遇时保持平和、从容和喜悦的心态。思绪无数次回到小时候，自主意识很强的人终其一生求的不过是自己人生的自主权，能够按自己喜欢的方式过一生，快乐自在地做自己，不被觉察地享受生活的美好！

当我们拥有决心和勇气，抛开过多的顾虑，就能把握每一个机遇，让成功的可能性成倍增长。

变是永恒的主题

■ 郭小清

猎企总经理

知名高校 MBA 校友导师

DISC 社群联合创始人

引子：躺着看星星

我以前是一个世界500强外资企业的人力资源负责人，从2006年开始创业，头几年一门心思带着团队往前冲，使公司成长为当地知名的专业猎头公司。无论是客户还是候选人，都对我们的专业素养和职业道德表示称赞，纷纷表示和我们合作十分放心。

我们帮助很多初创公司实现了员工从个位数编号到百位数编号的团队搭建，帮助大企业完成了一个又一个新建、扩建厂区的人员配置。团队成员齐心协力，每天都热火朝天地干着。

随着时间的推移，我在生活中遇到了方方面面的琐事，曾经在上海懈怠了2年。我在上海有很多的朋友和校友，但我一个都没有联系。公司的事务也都是通过微信、电话让同事们处理，我彻底放飞了自己，做一个"躺在坑里看星星的人"。我常说的一句话是"这关我什么事"。我朋友很多，约饭也很多，但我拒绝了90%的社交活动，我从社交达人变成了沉默寡言的人。**尽管任何人从表面上都看不出我的变化，但我内心深处深知自己拒绝喧嚣。**

后来，我花了很长时间进行自我探索，取得了ICF教练、照片疗法、情智管理、DISC、MBTI等众多认证资质。在这个过程中，我对自己有了很多的觉察，但一直没有觉醒，站起来的力量还不够。我也在问自己，我就这样躺平不好吗？但内心有另一个声音在呼唤我：**起来了，你有躺平的权利吗**？

破题：我想要的是什么？

时至2023年，我和最好的朋友在先弄大院吃饭，她告诉我，从年初到现在,她已经做了很多项目,但是从现在到年底,她感到没有动力,不想干活,也想躺平。听到这,我紧张起来,难道是我的状态影响到周围的朋友了吗?我们选择在窗边吃饭,温暖的阳光洒在身上,我的心慢慢融化,我感觉自己很温暖,坚定有力的词汇不自觉地从我嘴里说出来。我要站起来,我要让我的员工对未来更笃定,让我周围的年轻人对未来充满激情。

我和朋友都算是心力比较强的人,在此时此刻或过去的几年里都会有颓废感,更何况那些刚毕业的大学生、35岁以上的职场转型人士?他们面临的困惑和无力感可能会更多。我为什么要躺平?我要站起来,我要将自己打造成一个从躺平到站起来再到起飞的励志人物。

离我最近、投资又小的就是基于目前公司的业务,打造一个能不断扩容的在线平台,把在线培训和一对一咨询纳入这个平台,基于此,还可以做其他产品的延伸。**我们希望让更多人因为我们的进步而受益,所以我们开始了一场变革。**

做题:我决定站起来

我是一个行动派,在几天内就完成了从决定站起来到迈出改变的第一步的过程。这第一步就是发声,我重新拾起许多年未用的微信公众号。当第一篇文章发出后,我和同事就收到了很多留言,大家对文章主人公的境遇进行讨论和分析,然后推己及人,聊得不亦乐乎。

一篇公众号专题文章的发布,标志着我站起来的序幕正式拉开。

我们变革的主题是:如何让公司有新动能?简而言之,就是如何基于我们目前的业务形式,叠加新的业务机会,让我们年轻可爱的同事们能增加新的技能,实现更多价值。更长远的目标是,帮助更多的职场人士获得工作和生活的新动能。

我们进行了一系列的探索，并取得了初步成果。

盘点自己有什么是建立信心的开始

我们是专注于高端人才推荐的猎头公司，我们有丰富的人才资源，包括高校 MBA 资源和毕业生资源。也就是说，如果我们选择做 C 端产品，我们会有大量的潜在 C 端客户。我们有很有招聘经验的顾问，在日常工作中，我们除了提供猎头服务，还给候选人提供了大量免费的辅导，如简历辅导、面试辅导和个人成长辅导等。这些服务让我们有了初始化产品的概念。我们还有丰富的线下课程的经验，以及与很多教练、讲师有合作关系，让我们也形成了开发在线课程的初步框架。我们还有入驻了许多"大V"的开放社群资源，最主要的是我们是一个开放的公司，可以包容各种想法和观点。当我们发现自己拥有这么多其他初创公司没有的优势时，大家都有了信心，我们不是在成立一个全新的公司，我们只是在重构一个已经存在的公司，让我们的资源能得到充分的利用。

确定将珍珠做成一串项链还是吊坠是理清思路的关键

在资源盘点的过程中，我们也发现公司资源能生成很多产品，像散落的珍珠，能串成一个手串，也能串成一串项链。在几番共创之后，我们最后确定，每个珍珠都能做成一个珍珠吊坠，我们就把问题简单化，从我们最擅长的招聘入手，做它的延伸产品，打造面试直通车微课，做有我们特色的、既熟悉用人单位需求又能托举职场人的、励志的微课。由此，我们再衍生其他的产品。当我们从纷繁复杂的资源中抽丝剥茧，得出制作珍珠吊坠的方向时，我们平台的框架模型就清晰了。有了框架，我们也有了能把握住的产品，这是很开心的事情。对于长期从事线下产品、面向B端的公司来说，这是一个新的开始。

激发团队热情，能引发几何倍数的增长

公司的变革带来了新变化和新愿景。我们在公司内进行了细致激情的解读，发现每个员工的热情都被激发了，他们说自己看到了自己入住公司旁小洋楼的场景了。当团队的热情被激发时，大家的动力、创造力和合作精神都得到了极大的提升。大家对平台规划、产品线布局和产品细化都做了细致的共创，一系列的图纸和行动计划表被大家领取。

对于年轻人来说，好玩和好未来是持续追求的目标。因此，我们一定要让大家及早参与变革。当我是变革的一分子时，激情和贡献值就有了。

不用想太多，干起来就好，让一切变得有可能

在共创过程中，大家讨论了很多问题，也担心市场上同质化产品众多，我们如何凸显自己的特色？有人说，不用想太多，干起来就好，让一切都变得有可能。

尽管目前市场竞争激烈，但大家都有自己的生存空间，我们要彰显自己的特色，产品会变优品，优品也会变艺术品。只有勇敢地付诸实践，才能开启无限可能。当我们拥有决心和勇气，抛开过多的顾虑，就能把握每一个机遇，让成功的可能性成倍增长。

交卷：时代赋予我们的新动能

在大家的共创和努力下，很快我们的平台就有了雏形，并开始获得收入。

从我们重新站起来的故事中，我有些新的发现，也许是这个时代的特色。

允许倒下，允许成长

人的一生总会遇到许多坎坷，但时代又为我们提供了很多的可能性。如今，企业和员工的关系也在发生改变，从单纯的雇佣关系变得更加多元化，零工、兼职、小时工、自由职业等新兴就业形式层出不穷。拥有很多兴趣和技能的人，他们的变现路径也会多很多。就拿写毛笔字来说，以前，对于很多人来说，即使成不了大师，这也是一种业余爱好，可以修身养性；但在平台经济时代，普通人也能把自己的写毛笔字技能变现。所以，新的时代赋予了我们更多的机会，即使累了倒下，也有站起来的机会。

同时，新时代也对站起来有了更高的要求，我们要有能变现的技能，要有想站起来的决心和勇气。所以，倒下不是真的倒下，而是一种蓄势待发的过程。这也是新动能。

波动是随时的，要坚定方向

在我们这次变革活动中，有一个团队的负责人说自己的心情就像坐过山车，在团队共创时激情澎湃，但在参阅其他案例时，又会感到忧心忡忡，不断问自己："我们能成吗？"她的心情在高峰和低谷之间波动。当她跟我们分享自己的经历时，同事们都哈哈大笑。

但这就是变革的现实，面对新事物和新挑战，我们以前没有经历过，或即使经历过，在新的环境下，我们也会感到迷茫。因此，坚守初心是最重要的。我经常用照片疗法带大家探索我们到底要的是什么，让大家真正清楚自己的愿景，愿意为之奋斗。

我想说的是，**摆脱彷徨和迷茫的秘诀就是干起来，先开始，再完善**。因为我们拥有足够的底气。

有底气，才能勇往直前

盘点自己拥有什么，这是在创建新项目时非常关键的一步。以我们为例，我们发现团队、资金、资源、潜在客户都不成问题，这让我们有了很大的优势，我们只需要创建好的产品去满足新的市场需求。

在变革过程中，我们应充分信任团队、有效利用资源、不断积累沉淀，从而更加自信地面对未来的挑战，坚定地朝着目标前进。因此，我们应该不断地培养自身的信心，提升自己的能力和素质，以更好地适应复杂多变的社会环境，实现梦想和目标。

你不在意自己，没人会在乎你

我们曾经是一家非常优秀的猎头公司，但这几年资本化的猎头公司越来越多，规模越来越大，我们的声音越来越小，有时候一些企业都没有听过我们的名字。我们发现，当自己都不在意自己的时候，没人会在乎我们，我们只会慢慢淡出大家的视线。

我们需要打造独具特色的品牌，树立个性鲜明的IP形象，并持续发声,才能在市场中占有一席之地。**"酒香不怕巷子深"的时代早就结束了,我们要转变思维,主动出击,才能在这个充满机遇和挑战的时代中立于不败之地。**

我们的故事还在续写,当我们重新站起来了,就会看到不一样的天空。未来还有无限可能,让我们一起努力,共同前行。

我们不仅要由内而外地帮助客户解决个人成长和关系互融的隐性问题,还要将原来的家族办公室标准化服务和产品系统融入家族财富规划中,才能够真正让家族财富代代传承、富过三代。

经历人生的大起大落后,我专注于家族财富规划

■ 何家毅

高级家族律师

家族(企业)世代传承规划师

中国首批家族办公室创始人

友者生存2：世界和我爱着你

你好，我是何家毅，是一名家族财富规划律师和源道法商创始人。

这20年，我在法律、小额贷款、家族办公室等多个领域积累了丰富的经验，经历了人生的大起大落，尝尽了生活的酸甜苦辣，如同一条深度"W"曲线。

我22岁大学一毕业就通过了司法考试，成为一位职业律师。

30岁，我就成为当地最大律师事务所的执行主任。多年以来，带领律所团队帮助3000多名当事人打赢了官司，为1000多个企业挽回了合计十几亿元的经济损失。

32岁，我作为发起人，联合两位股东创办了当地第一家小额贷款公司，将法律和商业融合，希望既能够帮助当事人和企业解决法律问题，又能够解决资金流动性问题。第一年，我就赚到了200万元，是我以前作为律师工作8年才能获得的收入。

35岁，我创办的小额贷款公司正式倒闭，我不仅赔掉了自己辛苦工作13年攒下的身家，还把母亲200多万元的棺材本也赔掉了，最后清算统计，还欠下731万元的公司债务和800多万元的个人家庭债务。我也从律师事务所主任变成了普通的律师。

此时，遍体鳞伤的我深入思考：在企业发展的全生命周期里，什么才是对企业家真正有价值的法律服务呢？是事故风险发生后的诉讼救济，还是事故风险发生前的提前预防呢？我们又可以用怎样的方案来真正帮助企业家解决财富风险问题呢？

37岁，我和两位好友在珠江新城创办了富万代家族办公室，这是当时广州的第二家家族办公室咨询服务公司。如今，这个家族办公室已经成为中国内地第一家连锁家族办公室品牌"智慧家办集团"的发起单位和核心股东。我们提供和完成了诸多标志性服务和家办工程，如全国首个社群信托落地服务、首单私募基金份额"零税负"置入家族信托、首单中国版"国民信托""企业成员关爱信托"架构设计者、首个可持续性遗嘱信托落地、首批家办作业标准化制定和系统缔造、中国第一批股权信托落地、南粤首个意定监护落地等。

在4年时间里，我为300多位高净值客户提供了家族办公室综合方案。虽然财富风险"标"的问题暂时解决了，客户也很感谢我，但我意识到，若无法解决财富风险"本"的问题，其他问题可能还会出现，能否解决"本"的问题呢？

41岁时，我回到家乡，重新启航，创建了源道法商，旨在寻找财富风险的源头，防治财富之未病。历经3年的艰苦创业和研发，我在44岁的时候找到了源头，那就是我们每个人的"起心动念"。我将与我的法商团队共同创建"源道法商智慧系统：心道法术器"系统，从源头治理出发，来支持我们的客户在家族财富规划中实现财富安全、增值和传承的目标。

因此，我写下了这篇长文，第一次公开我人生大起大落的"黑暗时光"，希望通过我23年的人生经历，带您探索和触及心灵，让您的家族财富得以代代传承，成为百年荣耀家族！

用法律帮助别人打赢官司，却守护不了自己的企业和财富

我来自一个幸福的家庭，妈妈是公务员，父亲是事业单位员工，基本没有吃过什么苦。大学毕业后，我顺利通过司法考试，成为一名年轻的职业律师。在2012年以前，我是一名成功的诉讼律师，通过整整10年的艰苦努力，从默默无闻的律师助理成为一家有20多名律

师的律师事务所的执行主任。

作为一名自认为小有成就的律师主任，我见识到了富人的生活是那么的潇洒，可以打高尔夫、出国旅游，与富有的朋友讨论金融问题……多么幸福的人生啊！于是，在2012年底，我毅然踏入了金融界，与两位好友创办了一家小额贷款公司，从事金融业务。然而，这成为我惨痛经历的开始。第一年，由于赶上了银行"放水"的末班车，我很轻松地挣到了200万元，于是我继续增加投入，包括向亲戚朋友和客户高息融资、租赁高档写字楼和大规模招聘业务员，对律师业务不再关注，原有的客户纷纷流失。第二年，噩梦降临了，从2014年开始，央行银根紧缩，帮助客户垫付的融资过桥资金放进去后，银行就不再放款，公司陷入困境。

终于，在2015年冬天一个寒风凛凛的夜晚，内心无比焦虑的我接到公司财务的电话："何总，我们那笔1000万元的银行业务贷款，行长会议没有通过！款下不来了，公司已经没有流动现金了！"听到这些话，我犹如五雷轰顶，内心无比恐惧，对着电话一句话也说不出来！我知道我已经完了！这笔业务的失败成了压死骆驼的最后一根稻草，公司彻底破产了！员工也只能全部遣散！

我面临的是自己和公司加起来有近千万元的债务需要清偿，还有数百万元的未收债权的漫漫追偿之路！而更恐怖的是，**当发现潮水退去时，自己和家人居然毫无财富管理和风险隔离意识，之前的面子工程都是在增加自己的负债，家庭和企业风险也完全没有隔离**！

最后，实在没有办法了，为了维持自己的信用，我只好把自己用10年来辛辛苦苦挣的律师费购买的价值五六百万元的两套房子、一个商铺以三四百万元贱卖，还向白发苍苍的母亲借了她老人家的200多万元的棺材本还债，剩下的欠款只好向债主们低声下气，乞求延期，给予自己追收欠款的时间，同时咬紧牙关，省吃俭用！

因为自己的死要面子和自以为是，我曾经用法律帮助别人打赢官司，却守护不了自己的企业和财富！

家族办公室：用法律等综合工具提前去规避财富风险

在从 2016 年到 2017 年长达两年多的债务困扰中，我慢慢偿还了大部分债务。在这个过程中，我认识到了家庭财富安全的重要性，明白了财务管理的价值，以及家庭与企业风险隔离的必要性。我和两位新的股东拍档开始研究针对高净值客户财富保全和传承需求的中国一站式"家族办公室服务"，并计划在广州珠江新城开设家族办公室。那时候的我，做出这个决定时，内心既谨慎又纠结。律所的同事劝我不要冲动，说我容易被忽悠，万一干不成，浪费钱不说，还浪费时间，他们认为现在官司那么多，我还是回来打官司吧！以前的老板也说，何律师算了吧，你经验那么丰富，还是回来给我做企业法律顾问吧，月薪 3 万元。从诉讼业务变为非诉业务要付出很大代价，因为家族办公室服务的学习要花很多钱和时间，我自己条件有限，经历过第一次创业失败的我已经遍体鳞伤，而且传统的律师诉讼业务也在缓慢恢复中。如果这个决定错误，我的生活会受到很大的影响：学习费用增加将导致家庭经济压力剧增；浪费了很多接案件的时间，传统诉讼业务的收入来源也会锐减；还款压力也会与日俱增。我到底该怎么办呢？

这时候，我要感谢我生命中最重要的两个人。第一位是我最尊重，也是最让我内疚的人——我的母亲。在别人怀疑我的时候，她支持我，让我做了这个决定。还记得我那白发苍苍的老母亲，她用她那布满皱纹的手轻轻抚摸着我接近秃顶的脑袋，慈祥地望着我，说："儿子，去吧，只要你觉得开心，无论你做什么选择，母亲都支持你！"

第二位要感谢的就是我最对不起和最爱的人——我的太太。在我纠结的时候，她推了我一把，让我选择了相信。当她听到我的疑虑时，她紧紧抱住我，在我耳边说："去吧，我相信你的能力！如果你有一颗真诚的愿意帮助别人防范财富风险的心，让别人不要像我们这样付出沉重的代价，相信你一定可以成功的。我会照顾好自己和家里的两个小孩，我会多做两份工作来补贴家用，你安心去承担你的使命吧！"

于是，我选择相信自己，做好了没有收入、艰苦创业甚至失败的准备，没想到，我的人生开始了脱胎换骨的改变！

（1）建立家办系统：从2017年至2020年，家族办公室业务持续开展，我们为了帮助中国企业主规避在法税新政日益完善的过程中，家庭和企业所面临的各种风险，如婚姻风险、传承风险、人身风险、税务风险、债务风险、股权风险，甚至刑事风险等，秉承正心、正念、正行的价值观，成功地研发出一套中国家族办公室标准化服务和产品系统，并且通过这个系统帮助了300多名高净值客户实现了财富保全和传承的目标！

（2）业务收费翻倍：由于得到了高净值客户们的高度认可，业务收费从原来一单几千元、几万元的单一法律收费变成了十几万元、几十万元、上百万元，甚至几百万元的家族办公室服务综合收费。我们不仅帮助他们实现财富的安全保值增值，还帮助他们发现并解决曾经忽略的风险，帮助他们做好风险隔离。最后，我们能够帮助他们实现家兴族旺、福泽天下的愿望。

源道法商,家族财富规划的标本兼治

2020年10月1日,随着我的第三个儿子的出生,家族办公室的业务也渐渐走上正轨。我从珠江新城回到了家乡花都,进行第三次创业,成立了源道法商咨询公司,专注于家族财富规划的安全、增值和传承。我意识到,真正的风险源自我们每一个人的内心。因此,我们不仅要由内而外地帮助客户解决个人成长和关系互融的隐性问题,还要将原来的家族办公室标准化服务和产品系融入家族财富规划中,才能够真正让家族财富代代传承、富过三代。

通过家族财富规划的心道法术器,我们赢得了真正想要结果的客户发自内心的感恩眼神,这些体验带给我无与伦比的快乐和满足感。

因为,我爱我的客户,我希望他们现在和未来都能够幸福,我知道这才是我真正想要的人生体验!

在成长的路上,不先踩上几个脚印,怎么知道脚会不会疼痛?如果不在舒适区外面走上几步,怎么知道还有更大的发展空间?

成长,需要花一辈子

■ 何梓兵

10年间高效服务过超过4家企业(央企、国企)、近2万名人才的国家企业培训师

北京理工大学工商管理专业毕业

研修了中国科学院心理研究所应用心理学课程

在深圳生活了超过十年，我一直身处职场，不断突破自我。虽然我不是一个聪明人，但我愿意努力，因为不努力一把，永远不知道自己还能做多少事情。十年前，我差一点就离开深圳，曾想回到家乡，用一台电脑和一根网线开始创业，从事电商行业。经过十年的发展，电商行业成为家乡经济发展的重要引擎，而我错过了这个机会。当时面临抉择，离不离开深圳？我选择了留在深圳，这个决定背后，是我对未竟事业的探索欲望，不想留下遗憾，人生还有更多可能。深圳的精神——无论是"春天的故事""时间就是金钱，效率就是生命"，还是拓荒牛的精神——都激励着我不断向前。虽然当时无法预知这次选择将给自己带来何种变化，但我确信会让自己得以成长。

决定之后，那时我的状态相当积极。我天天兴奋得睡不着觉，觉得从未如此认真过。我上班提前到达，见谁对谁笑，特别有激情。深知作为一个"菜鸟"，我要从 0 开始，别人努力 1 小时，我得努力 2 小时，只有一个目的：用最短的时间让自己成长起来。我在办公的位置上贴着"关注结果"的标签，用以时刻提醒自己。有一次，我曾经问过面试官，为什么录用一个没有行业经验的跨界的我，他的回答是，我身上有一股不服输的劲头，相信我一定能干得好。无论穷人还是富豪，太阳还是那个太阳，每个人一天都是 24 小时。在努力奔赴未来的路上，无论打工还是创业，工作不再只是一份工作，不单单只是为了换来金钱，而是可以得到成长，获得共同的进步。我把工作当作事业来经营，在工作中体会酸甜苦辣。职业是一个人立身于社会的基础，本无高低之分，古有良训："三百六十行，行行出状元。"**职业不仅是谋生的工具，更是个人价值的体现。不用看不起谁，要学会换位思考，我做的事，你不一定会做。因此，别互相为难。**

回首 30 岁前的求学之路，我感慨良多。中学阶段，我曾经获得市级三好学生荣誉称号。大学阶段，我获得过1次国家奖学金。大学毕业后，我选择先就业，努力在社会中谋生存和发展。28岁时，工作一段时间后，我决定重返校园，选择攻读研究生学位，报考了中国科学院心理研究所，研修应用心理学——人力资源开发与管理专业，并担任班长。通过每一天的努力，我不断地丰富自己的知识体系，逐步实现自我跨越。

在上学时，我的座右铭是"不患无位，患所以立"。通过学习实践，我思考自己的人生，勇敢地面对年轻人都有的困惑。我可以成为什么样的人？没有谁的经验可以全盘指导别人的人生，但是我可以从别人的故事或者自己的经历里复盘，汲取养分，得以成长。先让自己成为一个终身学习的人，掌握一种学习能力，持续不断地学习，重要的并不是记住某个具体结论，而是要学会正确思考问题的方式。**在资讯如此发达的时代，只要愿意投入精力和时间，积累到的知识会越来越成体系，但学以致用才是终点，我要用自己的所学所能，力所能及地创造价值。**

回首过往的企业实践历程，结合自身成长经历，年轻的我开始认为要是有高人指导，会让我少走些弯路。于是，我决定干点利他的事情。在过去的十年中，我用超过1万个小时专注于一个方向的实践，选择了持续研究企业中"人"的问题，特别是人才培养方向，以助力企业的发展，特别是在增强和保持企业竞争优势方面发挥自己的力量，最终实现员工个体与企业的双赢。同样是十年的时间，有的人活得越来越潇洒，有的人却在原地踏步。我在企业的十年，究竟做了些什么呢？

幸运的是，我在这个成长的过程中，得到了许多伯乐的赏识，我得以进入不同的企业办点实事。我也没有让他们失望，不仅实现了当初承诺的目标和责任，有时甚至还超过了预期。在 30 岁时，我就已经涉足过采用不同管理体系、处于不同发展阶段的企业，并能交出一份份令人满意的答卷。曾任央企子公司培训主任，作为筹建商学院（企业大学）的骨干成员，我参与引进与培养的人才占了接近全部员工数量的三分之一，使得营销队伍更加年轻化、知识化。曾任国家特大型央企子公司人力资源部培训主管，负责集团化管理培训体系建设，包括总部一级培训与指导各分公司、子公司二级培训等。推动人才培养工作，此项目开了行业先河，让企业走出去，提升了品牌影响力，创造了经济价值，实现了培训 0 利润的突破。同时，此项工作被列入企业的年度十件大事之一。我曾在国内某知名集团旗下参与开发新业务，朋友先加盟，随后我也加入创业团队，参与了创业阶段的各项工作，形成了孵化的第一个品牌的一套行业人才培养方案。虽然只在该岗位待了八个月，但我深刻体会到创业的残酷，即使在资源充足的前提下，仍然需要面对许多的问题，这其中的艰辛一言难尽。

另外，我还有两个收获。一个是前几年的某天，曾经的同事联系我，询问我是否愿意加入新公司。当时，他所在的企业要跟另一家央企成立合资公司，需要相关的人才前往广州筹建新企业。好机会不常有，当真的出现在面前时，怎么抉择？由于我没有跳槽的打算，所以我选择了拒绝。首先，我要感谢他们，因为此刻他们就是伯乐。其次，他们基于过去对我个人品行和能力的了解，相信我是合适的人选。最重要的是，我欣赏他们的品牌文化。经过多年的发展，市场化的企业里锻炼出一支职业化的经理人团队，所以企业能够稳健地发展壮大。回忆总是美好的，曾有一位企业一把手面试我时，有一句话至今让我印象深刻，她说："年轻人，不要认为我们在深圳 CBD 办公就忘乎所以，还是要脚踏实地，务实地做好事情。"当时，我觉得这家企业与众不同，企业最高管理者明确知道我的职责所在。果不其然，连在食堂吃午饭，我也可以与企业一把手面对面坐着谈工作。记得有一年的年终，正常年底绩效考核结束后，不出意外会在春节前发年终奖，但幸福总是来得太突然，分管的老总表示，鉴于我的表现，当年会额外发一笔奖金给我，让我瞬间非常感慨，没有无缘无故的爱，这是对我那一年工作业绩超出预期、为企业作出贡献的物质奖励。职业化的管理，于细微之处见真章！企业管理可以是"人治"，凭某些人的感觉做事；也可以靠"法治"，通过制度进行管理。

另一个是通过实践，我坚定了一个信念：每一项工作都可以视为一个项目。我一般是按照项目管理——"启动、规划、执行、监控、收尾"的基本流程来推进每一个任务。这样做既能把握大局，又能注重细节。在项目执行过程中，我认识到强大的执行力至关重要，需要形成一种观点，那就是"方法总比困难多"。同时，具备敏锐的洞察力，以便读懂企业、读懂不同角色。还要善于倾听，促进人与人之间相互理解，时刻关注沟通、协调是否周到、细致以及一些不确定的因素。我曾被聘为杂志特约作者，这使得我的心得体会不仅仅停留在笔记本上，还能写成文章公开发表，让更多的人看到。一次落地得漂亮，可以理解为偶然，但一次又一次漂亮地落地，证明是可行的。过去，我也统筹组织过几次企业年会、拓展团建和企业文化有关的活动，项目化管理方法适用于多种场景。

得益于过去十年间读过的书、干成的事、见过的人和踩过的坑，当我身边的人到了职业选择的关键时刻，我恰巧可以为其提供一些参考，并站在企业的角度，帮其优化不同阶段的求职简历，以更好地显示他们的才干。当我身边的人想要去创业并拥有自己的事业时，我恰巧可以与其分享如何搭建人才培养体系，提升全员素质和技能。特别是创业初期和成长期，人才是一种重要的资源。引进、培育和激励优秀人才，对企业的长远发展影响深远……这些正是我现在所做的事，也是未来我持续要做的事。创业不易，守业亦难！人生是一种经历，经历就是财富。还有许多未被发掘的"金矿"，正等着我去发现。

在成长的路上，不先踩上几个脚印，怎么知道脚会不会疼痛？如果不在舒适区外面走上几步，怎么知道还有更大的发展空间？**如果问我，走这条路需要多久？我的成长草稿上算出的答案是一辈子**！

事实证明，舍得舍得，小舍小得，大舍大得，不舍不得，母亲用实际行动诠释了这一道理。

深受母亲的影响，我在表达沟通方面有独到的领悟

■ 黄天琦

演讲、表达、沟通高级讲师

国家二级心理咨询师

易学传播者

深受母亲的影响，我在表达沟通方面有独到的领悟

大家好，我叫黄天琦，大家似乎都忽略了我这个好听又大气的名字，只觉得我与从东北走出来的一位谐星——小沈阳很相像。大家往往会再补上一句，你比小沈阳好看！好，我就当作是在夸我。顶着这位谐星的光环，我确实赢得了很多人的喜爱和赞美。凭借着自身优越的条件，我成为一名成人表达沟通讲师。今天，我并不想在有限的篇幅里教您怎样讲话、怎样沟通，也不想讲太多的大道理，我想向您介绍我人生中最重要的人——我的母亲。

提起东北女人，尤其是东北妈妈，相信大部分人的脑海里都会出现一些特定的词汇：暴躁、易怒、刀子嘴豆腐心等，我的母亲也不例外，可是她还有另外的特质，那就是**智慧和大爱**。

我出生在 20 世纪 90 年代的东北，那个年代的父母可能都不太懂得怎样经营婚姻，所以在我四五岁的时候，我的父亲和母亲有一段时间是分开的。那一段经历对我的影响很大，我经常重复地梦见母亲穿着黑色的长袍走在雪地里，而我怎样追都追不上。受制于原生家庭的影响和天生软弱的性格，我在学校里也经常受人欺凌，导致我的身体出现了一些问题。在多次检查无果的情况下，母亲只好通过找"大仙儿"来寻求病因。

这一找，就改变了我的命运。"大仙儿"说县城的风水和我的八字不合，需要更换居住地，母亲甚至都没有考虑，就决定搬家。第二天，我们一家三口就从县城搬到了沈阳。也就是在那一次，在摇摇晃晃的小面包车里，母亲坐在我旁边，我看着她乌黑发亮的头发、严肃的表情、紧盯着前方的坚毅眼神，我觉得我的母亲好酷、好飒，我可以永远依靠我的母亲。

从那以后，母亲便当起了全职主妇，照料我的起居生活，从我上小学一直到上大学。可我的母亲并没有像大多数母亲一样，明里暗里

给我很大的压力，她从没因为我考试成绩不好而苛责半句，但是她会因为我骂人、逃课、撒谎而对我大打出手，毫不手软。我至今犹记得从小到大母亲经常对我说的话："**妈妈不求你学富五车或富甲一方，只求你做一个品行端正、心善感恩之人。**"

事实证明，当妈的还是得要求高一些才好，否则我可能比现在更优秀。

小时候，每当母亲和父亲有了矛盾，父亲的做法就是选择回避。可是他低估了女人发泄情绪的持续性，他出去了不要紧，家里还有一个我，于是战火就烧向了我。情绪转移是母亲排解情绪的方式，不过有一点我很感谢我的母亲，即她在每次即将对我"施暴"的时候，她会说，你只要说话，我就不揍你。因为我和我父亲一样，都不善言辞，所以母亲认为如果我和我父亲一样，将来在社会上就很难生存。她后来跟我说，她宁可让我在她手里"废掉"，也不想我以后在社会上"废掉"。

还好，现在想让我闭嘴也很难了，我不仅没有"废掉"，相反还成了一名"人类灵魂的工程师"。

2018年9月，我执意要去北京工作，但是要签合同的时候，我犹豫了，退缩了。我平时舒服、慵懒惯了，面对北京这样高压又陌生的城市，我害怕了。于是，我下楼给母亲打了电话，表明了自己的心意，我以为一直宠着我的母亲一定会支持我的决定，没想到母亲说："作为妈妈，哪有拒绝自己孩子回家的道理呢？儿子，你什么时候想回家，妈妈一定敞开大门迎接你的归来。但是，如果从女人的角度来看，我瞧不起你，我不会嫁给你这样的男人。遇到问题首先想到的是退缩，我不会把自己交给这样的男人。"前一秒还在感动和窃喜的我，下一秒委屈和不甘的泪水就充满了眼眶。我无地自容，挂了电话后，毅然决然地上楼签了合同。

事实证明，智慧的女性都是懂得人性的，尤其是懂得男人的心理。

母亲有三个妹妹。记忆中，在我这几个姨母家中有事需要帮忙时，父母亲都会毫不犹豫地贡献自己的力量，甚至可以说愿意为他人舍弃自己的利益。母亲常说，"有钱出钱，有力出力，大家好才是真的好"。她常常记挂着别人，却很少把自己的家排在第一位。我有四个表弟表妹，母亲时常叮嘱我，要把这些弟弟妹妹当亲弟亲妹一样看待，要有家族意识，要团结一致，互帮互助，少些计较，多些付出。我的姨母们对我们家也是有忙必帮，绝无二话。

事实证明，舍得舍得，小舍小得，大舍大得，不舍不得，母亲用实际行动诠释了这一道理。

2013年，我的父亲得了脑血栓，到现在已经整整十年，如今出门都比较困难了。母亲刚照顾我上了大学，又在病榻前守护了我父亲十个年头。少时不解，不懂得一个女人为家族牺牲全部自由的感觉。现如今，回忆母亲这半生，她牺牲自己的自由和梦想，换取了我、我父亲以及家族成员的健康与幸福，带来了家庭的安定与富足。

想到此，我总觉得我是一个不孝的儿子，不能常伴父母左右。可是我的母亲却对我说，选择照顾我的父亲，是她自己的选择，让我不要有任何的愧疚。母亲还说，人生的选择很重要，每个人都要为自己的选择负责。她喜欢游历祖国的大好河山，她想赚很多的钱，但都不及她心底最重要的愿望——"我希望我的家人们都好"。**母亲所有的喜好，都不能影响她最坚定的初心。**

你看，一位朴实无华的东北女性最大的愿望，是希望家人们好，而不是自己好。

父亲得病之后，智商下降，控制不好情绪，有时候就像小孩儿一样，喜怒无常。看见他对母亲发脾气，我会为母亲抱不平。母亲偶尔会略感伤心，但不管怎么样，她一直对我父亲不离不弃，悉心照料，每天拜佛念经，祈求父亲身体好转。不知是上天庇护，还是命不该绝，父亲这些年数次死里逃生。母亲经常告诉我："若你选择了一个人，请对她负责到底。若日后不爱，也请不要欺骗，不要伤害。你的父亲是当年我自己选的，纵使半生没得大富大贵，但粗茶淡饭，彼此相依，幸得一儿，孝顺贴心，妈妈甚是满足。我希望我能照顾好你父亲，能为你减轻一些赡养父母的压力。人生很短，去努力享受生活吧。"

你看，就是这样一位坚韧、包容、利他的伟大女性，硬是撑起了一个幸福的家庭。

2023年，我三十岁，母亲五十三岁，我发现她脸上的皱纹越来越多，步伐越来越小，胆子也越来越小，以前那个在我心里无所不能的母亲在渐渐老去。当我发现父母怕给子女添麻烦的时候，当我发现父母经常回忆以前的事情的时候，当我发现父母做决定时开始问子女意见的时候，他们已经开始变老了。我不想接受这个事实，但又没办法改变这个事实。母亲说："人人都会死去，但有的人离开时，旁人拍手叫好；有的人离开时，旁人缅怀惦念。希望妈妈有一天离开时，你能豁达一些，把对妈妈的思念化作你前行的动力，对学员负责，对家庭负责，对自己负责。"

你看，将生死看作寻常小事，将品行放在第一位，拥有这样胸怀的母亲，恐怕世间并不多见。

说到这里，我不知道有没有讲清楚我母亲的故事，有没有刻画好我母亲的形象，有没有表达出我对母亲的敬佩和感恩之情。她是一位平平无奇的东北女性，却在我心里散发着神一般的光辉。她不仅一直在改变自己，同时也在无形中影响着我，影响着她周围所有的人。

唠唠叨叨，我想说的是，**母亲传授给我的不只是方法，还有爱，她教我人要有大爱之心、利他之心和感恩之心**。很多人的童年都不圆满，几乎每个人的人生都会遇到些许坎坷，如果你像我一样幸运，能遇到一位智慧的母亲，那恭喜你。如果你没有我这样幸运，那你可以来找"小沈阳"老师，或许我的经历和我母亲传授给我的智慧，能够帮助你走出现阶段的困境。

不论你有表达上的问题，还是不擅长沟通之道，抑或不善于驾驭人性，哪怕你只想找人聊聊天，都可以来找我。我们的生命如此短暂，却又如此珍贵，需要更大的智慧来活出精彩。要记得，在这个世界上，总会有人偷偷地爱着你，比如此时此刻在看书的你，我们都在爱着你。

我在等你，欢迎你随时来找我！

> 坚持做正确的事，朝着正确的方向前进，必将到达彼岸。

愿我们都被温柔以待
——亲子养育的秘密

■ 黄永静

北京大学心理学硕士
家庭式托幼园长
儿童心理咨询师

古人云："四十不惑。"迈过 40 岁的坎儿，很多事情愈加清晰，我也日益坚定了自己的信念。**传播科学育儿理念，支持万千孩子及其家庭成长，这大概是我的使命所在**。

转折

仔细一想，我创业也有八年了，从一个山清水秀的小县城，一路奔向北上广。我曾就读于上海华东师范大学特殊教育学专业，后在北京大学获得认知心理学硕士学位，又去广州某事业单位工作，一路顺风顺水。

假如没有什么意外的话，生活就会这样日复一日地过下去，无波无澜，无惊无喜，一眼到头。

2010 年，女儿的出生给我的人生带来了巨大的转变。

孩子呱呱落地，我每天陷入育儿的琐碎事项之中，惊喜不断，焦虑常有。我突然发现，之前学过的教育学、心理学知识面对日常的养育事项时，远远不够用。理论就像阳春白雪，在高处闪闪发光，却高处不胜寒；而实践像下里巴人，吃喝拉撒睡，在尘埃里蓬头垢面，一地鸡毛。两者之间，横亘着巨大的鸿沟。

我看了很多育儿书，大量的信息涌入头脑，我随之产生了很多的困惑。是应该多多提供刺激，早点开发孩子的认知，还是不加干预，顺其自然？是让孩子更加自由，还是要给孩子立规矩？是推动孩子前进，还是静待花开？是要温和地引导孩子，还是要坚定地执行规则？

林林总总，这本书这样说，那本书那样说，即使是科班出身如我，也会觉得无从下手，不知道该听谁的，照书养孩子并不怎么行得通。作为一个学习小能手，我踏上了学习之路，寻求答案。

成长

我参加了很多的系统培训，学习前沿的儿童心理知识，越学越痴迷于科学育儿这个领域。我做了一个大胆的决定，辞去了令人羡慕的事业单位公职，走上了创业之路。

2013年，我获得了国家二级心理咨询师证。

2014年，我完成了儿童游戏治疗系统培训，并开始跟随国际依恋协会创始人帕特里夏·麦肯锡·克里腾登（Patricia McKinsey Crittenden）老师学习依恋理论及实践。

2018年，我参加安·罗伊兰（An Roelands）老师的"提升母亲敏感性，提高孩子安全感"培训。

2022年，我跟随苏珊·洛曼（Susan Loman）和金·马克·索森（K. Mark Sossin）学习整合精神分析与动作分析的母婴互动视频观察性学习项目。

……

我奔波在北京、广州、苏州、青岛等城市，如饥似渴地学习专业知识。2014年，我开始做家庭教育咨询工作。2016年，我创办了亲子园，与2~6岁的孩子们朝夕相处，嬉笑打闹。我将心理学融入幼教，关注幼儿的心理建构，促进他们的心理发展。2018年，我深入各个家庭，观察亲子互动。我采用五分钟亲子视频拍摄的方式，去观察亲子之间那些微妙的变化，指导亲子养育，成百上千的家庭因此受益。

0~6岁是人生中最重要的时期，它奠定了我们一生的基调。 越小的孩子，教育越重要，所以我创办了亲子园。在这个过程中，我运用前沿的理论指导实践，在实践中反思，再总结为理论。

十年之前，我是一个认真负责的职场打工人；十年之后，我是一个接地气、注重实战、专业、真诚的育儿专家。负责任地说，要想育儿少走弯路，必须找一个有理论高度和大量一线实战经验的专家，才不会刻板僵化、纸上谈兵，否则容易跑偏，错过养育的关键时期。将科学育儿进行到底，让每一个孩子都被温柔以待，这是我的理想。

养育的秘密

养育孩子，最重要的是什么呢？最重要的是看见孩子，用心陪伴，用爱联结。

在这个内卷的时代，常常有人说："现在我们这么理解他，以后到了学校、到了社会上，不是人人都会这样做，那他将来被社会毒打，不如我们现在让他提前适应适应。"其实不然。

每个人生来都自带一个爱的"油箱"，只有"油箱"灌满油，我们才能勇往直前。温柔地对待孩子，就是为他爱的"油箱"加油。如果爱的"油箱"空了，那么他的一生都在寻找加油的机会。小时候，找爸爸妈妈寻求关爱；上学了，找亲密的朋友寻求支持；长大了，找恋人寻求温暖；结婚了，找爱人寻求依靠；有了孩子后，还可能找孩子寻求关爱。过度的匮乏，就会让寻找变成索取。

亲子依恋模式是我们一生中影响最深远的模式，而要建立良好的亲子依恋模式，让孩子有安全感，秘诀就是加满爱的"油箱"。 在孩子出生后的头三个月、六个月、一年、两年、三年、六年乃至十二年，这都是非常重要的时期。越早越重要，越早越关键。养育孩子，最大的秘密就是理解、看见和陪伴。理解孩子的成长规律，看见孩子的需求，陪伴他度过这段时期，孩子就成长了。

当孩子哭泣的时候，我们感受到他的伤心，静静地陪着他；当孩子生气的时候，我们分析他生气的原因，给予他温柔的拥抱；当孩子违反规则的时候，我们看到他背后的需求，尽量满足他们。

孩子每一个不良行为的背后，都有一个正向的动机。也许是想要妈妈关注他，也许是想要得到爸爸的认可，也许是想得到老师的肯定，也许是希望建立联系，也许是想要获取更多的控制感，也许是想要更多的安全感。

看到孩子正向的动机，去满足他的需求，而非采用简单的消除行为，有助于他们获得长久的、稳定的、内在的成长。

我们帮助孩子表达他当下的感受、想法和期待，这就是共情。

"你专程去买那个玩具，但超市关门了，你感到很失望。"

"妈妈刚才批评你了，你觉得很委屈。"

"今天作业很多，你很着急。"

当我们说出孩子的感受时，孩子感觉到被理解、被看到，情绪也会逐渐平复。

共情的时候，注意准确表达孩子的情绪，既不要轻描淡写，也不可过于夸张。要避免共情不足，也要警惕共情过度。

比如，一个孩子摔倒了，刚要爬起来，结果妈妈快步上前，一把抱住孩子，心疼地说："宝贝，摔疼了吧？来，妈妈看看，摔到哪里了？我给你贴个创可贴。"孩子一脸茫然，被妈妈这么一唠叨，孩子觉得自己应该疼了，于是哭了出来。这就是共情过度，妈妈将自己的感受强加于孩子身上了。

再比如，一个孩子打针，哇哇大哭，爸爸说："有点疼是吧？没事儿，没事儿。"这是共情不足。共情不足让孩子觉得没有被充分理解。

当我们共情时,需要注意的是,不是说出这些话就行了,我们还需要全身心投入,确保言行一致。我们说话的音调是高是低,声音是高亢还是低沉,果断还是犹豫,不同的声音会传递出不同的信息。再看我们的身体动作和表情,这些都会影响共情陪伴的效果。例如,当我们陪伴伤心的孩子时,我们的表情是愉快还是凝重?当我们陪伴生气的孩子时,我们的动作是温柔还是阳刚?这些都会影响我们陪伴孩子的效果。

动作共情,我把它称为更高阶的共情陪伴。

在孩子有各种负面情绪的时候,我们提供充分的共情陪伴,就会让孩子感觉到世界上有个人值得信任和依靠。他们感觉到被理解之后,就会对世界产生信任,获得安全感,逐渐敞开心扉,积攒起面对世界的勇气。

很多时候,我们不需要帮助孩子解决问题,我们只需要陪伴孩子,与他们共情就好了。当他们的情绪稳定下来,他们的智慧就会发生作用,自己就会解决问题。这不就是我们想要的自主性吗?

除了在孩子有负面情绪时,我们可以共情陪伴孩子,我们还可以在日常生活中主动调整与孩子的关系。同理,语言、声音、表情、动作与孩子保持一致,就可以让孩子有被理解的感受,孩子就会敞开自己的心门,我们与孩子的联结就此产生了。

"不积跬步,无以至千里;不积小流,无以成江海。"正是这些细微之处,最终营造了一个接纳、包容、受保护的心理空间。在这个足够大的心理空间里,孩子感受到被理解,自主性、独立性、自信心就培养出来了。他们觉得自己值得被爱,热爱生活,生命力就迸发出来。

我们学了 20 年，实践了 10 年，就靠这些细微之处的陪伴，促进了孩子们的成长。在陪伴和引导孩子成长的这几年里，孩子们从急躁变得从容，从易怒变得平和，从胆怯变得自信，从退缩变得敞开，从懵懂茫然变得关心他人。他们情绪稳定、心情愉快、意志坚定、有独立的自我，也能友好合作。

我们的经验证明，那些被理解、用关爱陪伴长大的孩子，心理强大，能够应对挑战。他们能在内卷的时代保持自我，能在精神独立的同时适应学校生活，他们更具弹性，更加灵活，也更有适应各种环境的能力。

而这些与孩子互动的能力，都是可以刻意培养的。每一种能力，都是一块肌肉，可以通过反复地练习，让它越来越强大。养育孩子的过程，就是父母自我成长的过程，它让我们更好地了解孩子，认识自己，让我们成为更完整的人，过上更幸福的人生。

这很难，但值得我们全力以赴。坚持做正确的事，朝着正确的方向前进，必将到达彼岸。

愿每个孩子都被温柔以待。

愿我们自己被世界温柔以待。

> 无论我们走向哪个方向，只要我们坚定自己的信念，努力前行，不让人生留下遗憾，就是最好的路。

路

■ 姜韦羽

银行领域财富管理培训师
NLP 教练
自由撰稿人

引言

人的一生中要走很多的路，而在这个过程中，我们有时会在十字路口徘徊、迷茫，有时亦会在荆棘中开辟出一条独属于自己的康庄大道。 我们会遇到挑战和困难，也会遇到贵人和机遇。

走漫漫人生路是一个不断探索、学习和成长的过程，同时也是寻找自己价值和意义的过程，以及关爱他人的过程。

每次在十字路口面临抉择的时候，走向不同的路，最终的结果也许会千差万别。

人生第二次"投胎"路

都说女人嫁人是第二次"投胎"，但作为不婚族的我，似乎一直都没有这个困扰。曾经年轻的我以为自己会潇洒到老，老了之后找一个养老社区，托管自己，甚至跟几个有着同样想法的闺蜜在大学时期就相约着在哪里养老，计划着如何实现我们的"闺蜜养老计划"。

毕业后踏入社会，虽然没有来自父母的催婚，但看着身边一起立下不结婚誓言的闺蜜们一个接着一个地结婚生子，我内心似乎有了一些空洞。每次的闺蜜聚会也成了大聊育儿经的交流会，而我则成了一道陪衬的"风景"。没有了共同话题，参加聚会的欲望也断崖式地下降。

于是，我又成了奔波在工作路上的那个独行人，一切似乎都没有变，一切似乎又都变了。

也许是机缘巧合，也许是刻意安排，在一次被朋友硬拉着参加的聚会上，我遇到了那个改变我婚姻观的人。只是一眼，让颜值控的我觉得或许冥冥之中自有安排，眼前这个帅气的男人就是最好的安排。

我们的恋情进展得非常迅速。在各种嘘寒问暖和甜言蜜语中，我很快沦陷。很多朋友表示不理解，为何那么理性的一个人，会突然之间感性爆棚，完全验证了"女人只要一恋爱，智商就为零"的说法。相恋的过程是甜蜜的，我经常憧憬着美好的未来，计划着婚后的人生路。对方的一些缺点，在恋爱脑的影响下，我觉得一切都不是问题。最终，我活成了我曾经最讨厌的"无脑"状态，在这条路上越走越远。

我结婚了。婚后的生活甜蜜而忙碌，但忙碌中觉得幸福，因为我们很快有了一个可爱的宝贝女儿，这是上天赐给我最好的礼物。

有了宝贝女儿后，我工作的干劲更足了。一方面，女儿的到来给了我无限的力量，为母则刚，似乎是最恰当的解释。另一方面，他的工作一直断断续续，高不成低不就，所以家庭的经济压力就全部落到了我的身上。尽管工作辛苦，但我不觉得累，因为在此时我的认知里，我需要为我们的小家庭创造更多的可能性，而且我也一直相信他是真的在努力。然而，"打脸"总是来得那么猝不及防。

我的工作要求我在工作的时候必须保持高度的理性状态，因此随着重心慢慢回归到工作中，那个清醒的我、那个观察力敏锐的我、那个在蛛丝马迹中一眼识破谎言的我似乎又回来了。可是，脑海中始终有一个声音告诉我："也许就是你太敏感了。"

直到警察上门，我的幻想才彻底破灭，原来我一直生活在别人编织的谎言里。

对于有着心灵洁癖的我来说，人生道路在此时出现了分岔，我面临着一个全新的抉择。

有人说:"男人都这样,既然他知道错了,你就原谅他一次……"

有人说:"你要为孩子着想,孩子如果在一个不完整的家庭中成长,会有不良影响……"

有人说:"离婚后,就算你再结婚,就能保证一定能找到更好的吗……"

太多太多的言论,貌似女人只要结了婚,就要为了家庭、为了孩子,放弃自己的选择。

不!我并不这么认为!对于婚姻路,要么不走,要走就一定要走好。在婚姻的十字路口,我选择走离婚路。

尽管带着女儿走得洒脱,尽管生活的重担让我不得不继续前行,无法停下脚步去抚慰受伤的心,尽管每天依然笑得开心,尽管工作依然充满激情,但我感觉一切貌似没有变化的同时,一切仿佛又都变了。

就在此时,我人生的贵人出现了,而且不是一个一个地出现,是同时出现了很多位。

Ann,我的总部同事,一位娇小的女强人。开年会的时候,她突然走到我的旁边,语无伦次地跟我说:"对不起,也许你会觉得很突然,但是我就是想跟你说,我一直关注着你。可能你觉得我特别莫名其妙,但是我真的想告诉你,你很优秀,你一定要好好爱你自己。真的,好好爱你自己……"多年过去,这个情景一直深深地刻在我的脑海中,每每想起,都觉得难抑心中的温暖。她就像一道光,照亮我那颗已经被自己强硬包裹、尘封在黑暗中的受伤的心。她是第一个懂我的人。

Michael,某科技公司董事长,一位在工作中结识的朋友。他介绍我去参加了一位马来西亚老师的身心灵成长课程。这次课程让我从内而外地进行了一次全方位的"洗涤"，我意识到自己的身体和心灵是相互关联的，而不是独立存在的。身体和心灵的健康是相互依存的，只有保持平衡，才能实现整体的健康。我学会识别和接纳自己的情绪，并找到合适的方式来处理和释放它们，而不是被它们控制或逃避。那段时间，我真正感受到了蓝天、清水、绿草的美好。

虽然我的第二次"投胎"路没有走得那么顺畅，但也正是因此而获得了成长。谁又能说这不是最好的安排呢？

人生职业的"跳跃"路

为何是"跳跃"而不是"转折"呢？因为踏出那一步之后，我实现的是"跳跃"式的转变。

我出生在一个非常普通的家庭，没有背景，没有资源。我一直记得从小父亲教导我："我们没有能力帮你做什么，你一切都要靠自己。"**靠自己，这似乎成了一个魔咒，一直鞭策着我前行，也让我有了一股不服输的韧性和吃苦耐劳的精神。**毕业后，我拒绝住在家里，既然要靠自己，那就完全靠自己。刚工作那会儿，工资特别低，所以我曾经租住过一年多的地下室，也租住过狭小低矮的破旧阁楼。我一直喜欢在工作中不断挑战自我，追寻那种克服困难的成功喜悦，也享受着工作带来的高收入。我换租到干净明亮的房子，记得在网上看过一句话："房子虽然是租的，但生活不是。"所以，即使是租住的房子，我也会在能力范围内把它布置得舒适。

一切都向着美好的方向发展着。我原本以为会这样一直好好地工作和生活下去，只是突如其来的婚姻变故让我的人生发生了转折。我不得不承担独自赡养父母和养育女儿的责任，经济压力让我感到非常的窒息，而那种无能为力的感觉更让我陷入绝望。

也许冥冥之中自有安排，在我昏暗的低谷期，再次出现了贵人。

LSL，我的前同事，他一直鼓励我："你可以将自己的工作经验分享给有需要的人，以此作为自己的第二职业呀。既帮了别人，又赚了钱，何乐而不为呢？"为了帮助我快速实现站上一方讲台的目标，他特意给我介绍了李海峰老师的DISC双证班认证课程。我当时还特意上网查了下什么是DISC，当然也一度怀疑，我真的可以吗？带着自我怀疑的心理，半推半就地，我就去上了课。

正是这次半推半就，正是这次选择，为我的事业打开了一扇新的大门。随着一次次的复训，我不断地被课程现场震撼到，突然意识到，原来讲课可以如此精彩！特别喜欢老师的那句"人生最遗憾的不是你不行，而是本来你可以"。这句话一直支持着我在第二职业道路上大步地往前走，也成了我讲完课之后送给学员的一句话。

Esther，我的顶头上司，一个我见了想要绕路走的女强人，她让我体验了什么叫作"紧张到极致之后就是蓝天"的感觉。

我们部门接了一个项目，要给某国有银行的中层管理者做轮训。原本我只是负责各方的协调安排，结果因为某些原因，其中一位外聘老师无法到场，我就被推到了讲台上。内训与商业培训有着非常大的区别。对于这突如其来的安排，我内心充满了对不确定性的恐惧。经过一晚上的心理建设，我站到了商业培训的讲台上。随着课程的推进，我渐入佳境。然而，正当我要放飞自我时，目光瞥到了教室后门被缓缓推开，然后一抹红映入眼帘——Esther悄悄走进来，并坐到了教室的后面。正如大多数人在自己敬畏的人面前展示工作一样，那一刻，我头皮猛然发紧，大脑空白，后背发冷，虚汗湿衣，语速快了不止一倍！后面的一小时课程几乎就是靠培训师的本能和储存在深层记忆里的内容讲完的。课程讲完后，原本已经做好了被批评的准备，但结果出乎我的想象。Esther给我发了一段很长的信息，从对我的肯定到对我以后的期待，再到具体的行动计划，让我再次感叹命运的奇妙。也许是这次的紧张达到了极致，突破了极限；也许是被自己敬畏的人肯定和鼓励；也许是我那股挑战自我的劲头再起；也许……总之，从那之后，在我第二职业的道路上，我完成了华丽的转身。**事过十年，我永远忘不掉那一抹红**。

在人生旅程中，我们面临着许多重要的选择。这些选择直接决定了我们走向哪个方向，追求什么目标，以及过什么样的生活。每个人都有自己的梦想和追求，这使得每个人的道路都不同。**有时候，我们可能会面临一些困难和挑战，使我们偏离原来的方向。但是，正是这些困难和挑战让我们成长和进步，使我们更加坚强和有韧性**。因此，我们应该珍惜人生中的每一次选择和机会，勇敢地追求自己的梦想和目标。无论我们走向哪个方向，只要我们坚定自己的信念，努力前行，不让人生留下遗憾，就是最好的路。

> 人生不止一种可能性,所以不可能只有一个"正确"的你。

顺势而为,创造更多的可能性

■ 康从容(Carrie)

HR 成长教练

职业生涯发展咨询师

DISC、激励因子、情商、思维敏锐力国际认证分析师

有 30 年职场和管理经验的世界 500 强外企高管

顺势而为，创造更多的可能性

最近，我参加了新精英组织的"超级个体 IP 营"课程，并加入了一位老师创建的与职业相关的社群。群主老师在群里问了一个问题："大家在职业生涯中经历了多少次转型？"我想了一下，我的职业转型至少有 6 次。"6 次"在群里是比较引人注目的，因为大部分老师的转型次数是 2 次、3 次或 5 次，而我达到了 6 次。因此，群主老师就非常好奇我的人生经历到底是什么样的。借着这个机会，我就跟大家一起聊聊我三十年的职业发展历程，希望能对目前在职场上的读者们有所启发。

我大学毕业时，正是国家实行分配制的时期，因为我是福建师范大学毕业的，所以我就被分配到了一个中专学校当英语老师。在我们那个年代，其实是没有职业规划这样的说法的，所以在报考大学的时候，我遵循了母亲的意愿，以超过重点大学分数线 20 多分的成绩进入了福建师范大学，就读英文专业。

最初，其实我还是喜欢当老师的，我喜欢站在讲台上把自己的知识分享给学生们的这种感觉。但是初入职场的我，对学校里的人际关系感到非常不适应，再加上中专的学生没有升学压力，我很难看到自己工作的价值。机缘巧合，我到一个合资宾馆的筹备管理团队兼职担任外籍总助的秘书，让我对学校之外的职场有了初步的认识，也看明白了有能力的人还是会有用武之地的，也给自己增添了不少信心。

一个偶然的机会，我到一家国营的劳务出口公司应聘（当时劳务出口挺热门的），结果就被录用了。我说服了家人，义无反顾地接受了这份"合同工"的工作。虽然放弃了安稳的工作，但也给自己后来的职场提供了更多的可能性。在这个国企工作了一段时间以后，因为两个公司合并，要进行缩编，首当其冲裁掉的就是我们这些当时所谓的"合同工"。所以，在休产假期间，我就提前给自己找了一份外企的工作，顺利地进入了西门子福州办事处。

一开始，我在销售部门做商务助理，也就是做商务方面的工作。几个月后，办事处的行政助理离职，总经理就问我要不要转到他那边，从事 HR 和财务的工作。由于当时我刚刚考过了助理会计师，有一定的财务基础知识，我认真地考虑了自己将来的发展方向，决定转去行政岗位，而这个选择为我后续的职业发展奠定了基础。在西门子，我见识到了一个优秀的 HR 体系应该是怎样的。**虽然当时我并未意识到自己更应该去学习和了解体系设计背后的逻辑，但这段经历帮我夯实了最初的基础。**

由于办事处比较小，职位也有限，所以我在西门子福州办事处看不到上升的空间。当时，麦德龙到福州来开第一家商场，我的同行朋友知道我有换工作的想法，跟我说了这个消息。我看了招聘广告，发现已经过了提交申请的时间，但我还是通过 EMS 快递将自己的简历寄到了上海的麦德龙总部，没想到我很快得到了反馈，并安排了面试。我当时应聘的是人事主管，接近第二轮面试尾声时，两位面试官问我："如果你应聘的职位没有空缺，商场里还有哪些职位是你可以考虑的？"我想了想，就说："跟财务相关的职位，我也可以考虑，因为我持有财务方面的资格证书，这个是我最容易想到的选择。"然而，最后我被录用的职位是总收银主管，而不是人事主管。开始我非常纠结，但考虑到它是一个管理岗，为了得到一个发展的机会，我决定还是去试一试，锻炼一下自己的管理能力，所以我就进入了麦德龙。在麦德龙，我负责总收银和收银两个部门，是商场里员工人数最多的部门。在这里，我学会了在团队里建立基本规则，锻炼自己管理团队的能力。由于收银部需要与销售部门协同，也经常有冲突，我学会了如何在坚持自己的原则、守住自己的底线的同时，又能够保护自己的员工，合规地进行操作。然而，在这个过程中，我自己内心的消耗是非常大的，为了让自己强势，我需要经常跟人争论，这不是我喜欢的。商场里面有太多的利益，有些冲突在所难免，所以我觉得商业、零售行业可能不太适合我，而且做财务相关的工作其实也不是我的兴趣所在。我隐约感觉到，HR可能才是我比较感兴趣的，于是我开始考虑是否应该回到HR的轨道上。

之前，我的一位发小曾经推荐我去世界500强公司艾默生在我们当地的合资公司利莱森玛公司应聘，由于麦德龙商场经理的挽留，当时我没有走。这次，由于一位猎头的推荐，我第二次去那家公司面试，当时的外籍总经理GB看到我非常高兴，他说在此期间面试了不少人，但都没有看到合适的。在面谈了解了我的近况后，他就给我发了录取通知。其实当时他给我定的工资比我在麦德龙时略低，但当年31岁的我期望有长期的职业发展，所以我还是接受了这份工作。

当时的利莱森玛福州公司是一个合资企业，所以在我进入公司以后，很快就发现来自被收购方的中国员工与收购方外籍总经理之间存在很大的信任问题。我在双方沟通的过程中，经常需要斟酌措辞，以翻译和解释的方式尽量去缓和双方之间的紧张关系，并帮助双方逐步建立基本的信任。经过一段时间的努力，团队之间的信任度开始建立起来，公司的运营也走上了正轨。当然，这中间还有很多专业HR的工作，在这里我就不细说了。在我建立HR体系的过程中，我也学会了如何设计一个好的HR流程，继而升级为HR体系，但是对我来说，**我当时感受到我最大的价值就是帮助整个管理团队建立起了基本的信任，大家一起朝着一个共同的目标去努力，逐渐将公司从连年亏本的状态做到盈亏平衡，再到略有盈余。**

后来，GB 升职管理亚太区，调到新加坡去了，我也换了一位老板。就在这个时候，一位猎头向我介绍了另一个 500 强美国公司在本地的全新的投资项目，这对我非常有吸引力。因此，我就接受了这个机会。这是一个全新的建厂项目，我作为第一名员工，在做项目之初，我也兼做了不同的工作，让项目运转起来。在我加入公司 8 个月以后，我们最初的十几人团队搬到了刚刚落成的厂房，配置机器设备，招聘并培训员工，公司开始了正式运营。当我离开这家公司的时候，公司的员工已经达到了 300 多人（非劳动密集型制造业），也就是从我一个人发展到拥有 300 多人的团队。我见证了公司从一片空白到正常运营，再到生产出产品，稳健运行，这个过程恰似见证了一个婴儿的诞生。我在这家公司工作了三年半，我们美国总公司的 CEO 逢人就说我是他的"Number One（一号助手）"。

在此期间，我前一家公司的老板 GB 也调回中国，因为艾默生全资收购了那家公司，它也变成了美国艾默生旗下的独资企业，同时公司在中国实施了一个非常大的业务发展计划，正在进行新厂的建设和搬迁。而在这两年的时间里，他持续与我沟通和联络，一再邀请我回到原来的公司，但我一直下不了决心。

在新厂接近完工的时候，他带我参观了一次新厂，再次邀请我加入他的团队，他希望我成为他的左膀右臂。他问我的职业目标到底是什么，我认真地想了想，说我想做到人力资源总监。没过多久，他在跟我详细沟通了公司在中国的商业计划后，向我提出了人力资源总监职位的邀请。那一年，我 37 岁。

经过了慎重的思考之后，我决定回到原来的公司，因为那是一个价值链非常完整的公司。由于受母公司艾默生的影响，该公司对 HR 也非常重视，HR 在组织里是一个变革推动者，所以我回到原来的公司，成为公司在本地的第一位"D"级（总监级）员工，继续在公司发展。这里还有一个小插曲，我当时回到原来的公司时，工资又是略低一些。虽然我跳槽的时候并没有获得显著的工资增长，但是我更看重的是长期的职业成长机会和一位全然信任你的上司。事实证明，当初的这个决定是对的，因为在这家公司，随着公司业务不断发展，我在职业道路上也得以不断成长。虽然这个过程非常辛苦，我要不断地去推动各种变革，不断去建立符合业务要求的体系和流程，不断地辅导和赋能他人，但是这个过程也让我从一个单一职能管理者变成跨职能管理者，真正进入了决策层，最终我成长为公司的亚太区人力资源总监。2015年，艾默生决定将法国利莱森玛公司出售给日本尼得科公司。在整个并购转换的过程中，我又兼任了另外一个事业部的亚太区人力资源总监。这个经历也让我拥有了更广阔的国际视野，学会与不同国籍的人沟通、协作，我也尽力让整个并购的员工融入的过程能够更加顺利。我的辛苦付出也得到了公司的认可。在我离开公司的前一周，我们接待了收购方尼得科的总裁，他当时来我们公司视察。我们的法国总裁特地从法国飞过来，和我们一起接待他。在宴会上，法国总裁即便知道我是要离开公司的人，仍然在尼得科总裁面前赞扬了我对公司的贡献，感谢我十年来与历任总经理的共同努力，让公司拥有一个稳定且有能力的管理团队，推动公司业务顺利发展。第二天，送尼得科总裁去机场的路上，他特意让翻译告诉我，他很认可我的工作，认为一个团队能保持这么好的氛围，一定是 HR 的工作做得好。**所有这些认可对我来说，就是对我 10 年努力的最好回报**。至今，每当回忆起这些事，我仍深受感动，也非常有成就感。

2017 年 9 月底，我离开了这家外企，之后又先后加入了百亿上市集团公司、跨国商业集团和创业上升期的民营企业，体会了不同的职场氛围，也学会了如何放下自我，全力去支持老板实现他们的愿望。由于篇幅有限，在这里就不再一一讲述了，将来有机会，我们也许可以继续聊这些经历。

回首我三十年的职业生涯，我对生命中的贵人们心存感激，特别是我的老板 GB 和我的发小，他们为我提供了职业机会。我还要感谢另外一位我跟随了将近 8 年的老板，他教会我如何从业务视角看待 HR 对业务的赋能，如何去促进他人的发展。这应验了设计人生中的理念：人生不止一种可能性，所以不可能只有一个"正确"的你。**我看到了职业成长中的自己，看到了不断走出舒适区、顺应变化、走出不同版本的人生之路的自己。**

现在的我已经退出职场，但我计划在三年里帮助 60 位在职场中身陷困境的人发掘自己的潜力，让他们看到更多的人生可能性，走上精彩纷呈的职业发展之路！

> 把世界上最先进的催眠技术带到中国，让中国催眠行业与世界同步。

遇见催眠，让我成为改变别人命运的人

■ 孔德方

科学催眠倡导者和传播者
催眠类畅销书出版纪录保持者
第四届中国催眠师大会副秘书长

亲爱的朋友，你是否也像我一样，在苦苦寻觅能真正改变命运的秘诀，追求用行动改变未来的人生梦想？

然而，近几年，原生家庭的概念让社会上滋生了一种错误的倾向，很多人将自己的失败和不幸都归因于原生家庭，对自己的父母、家庭、环境有诸多抱怨，甚至指责。然而，这样的想法对改变现状有什么作用呢？

每一个我们曾抱怨的原生家庭，都是父母为我们倾其所能打造的港湾

没有哪个人的原生家庭是绝对完美的，我也一样。

我出生在太行山系的一个偏僻小山沟里，在那里，靠天吃饭，靠挑水生活，医疗条件非常不好，我的四姐就是因为普通的腹泻未得到及时、有效的治疗而夭折。我出生当天，母亲就口对口给我喂安乃近，多病缠身。

一岁多的时候，本来快要学会走路的我又病倒了，高烧不退。这次病情跟以往不一样，本来会扶着东西慢慢走的我变得不能走了，紧接着站不住了，再后来坐不直了。

医生诊断为小儿麻痹症，表示无法治愈。他说我现在胸部以下已经瘫痪，没有知觉了。如果病毒侵袭到呼吸肌，可能命就保不住了。

作为父母的第五个孩子，也是唯一一个男孩，我父母与命运抗争，翻山越岭，遍访名医。经过一番苦求，他们终于救回了我的命，但是留下了后遗症，我无法走路。

很多邻居开始说："唉，这孩子算是废了。在这大山里，连路都不会走，能干什么？"但是父母没有放弃，开始不断训练我，因为他

们认为必须让我未来有自力更生的能力。因此，在我儿时的记忆里，少有快乐，大部分的记忆都是父母的严厉管教和呵斥。

我记得父亲抱我立在板凳上，趴在桌前学写字、学打算盘。我记得我在碎石铺就的坑坑洼洼的道路上一遍遍走着，左腿一软，便跪在了碎石块上，棉裤里一股热流，我知道刚结疤的伤口又淌出血来了。我哭喊着，望着眼前的父母，父母纹丝不动，只说了一句"起来"。我记得自己没上学就有了作业，还要练书法。我记得自己常被同龄甚至比自己小的孩子欺负，因为腿软，一推就倒，经常被人按倒在地，骑在身下，甚至还在我身上尿尿。我回到家后，父母非但没有安慰，还必定训斥我一顿。我记得我为了赢得自尊，接受了小伙伴们的挑衅，然后一赌气从高处往下跳，直接把自己摔个半死。

你可以想象得到我幼小的心灵中满是委屈，甚至憎恨，因为我把自己当作受害者。

在父母的精心训练和保养下，我的腿恢复良好，走路的步态也基本恢复正常，很容易让别人忽略我是一个身体有残疾的人。可是当别人用正常的标准来要求我的时候，我却做不到，这让我感到非常自卑。尤其是在上体育课踢正步时，我的左腿无法踢直，被老师在雨中罚站；尤其是我跑跳都不合格，被人讥笑的时候；尤其是我被父母训斥干不来体力活的时候；尤其是我上学只能步行，学了几年骑自行车仍不会骑的时候；尤其是我每次练骑车回来，路过邻居门口，被笑问"怎么推着回来呀？还没学会骑呀？"的时候。

我会很不甘心，甚至会想，为什么我的腿不严重一点，这样我就可以直接拄着双拐或者坐着轮椅，他们一眼就能看出来了，就没有了这么多烦恼，甚至会换来一些怜悯和关心。我越想越气，因为我把自己当作受害者。

有一次，我到打麦场学骑车，从一个高台上冲下来，我直接跨上了车，将车骑动了，我非常开心。但很快我意识到，完了，我不会下车！我就在打麦场上一圈一圈地骑着，到最后累到无法掌控，一下子冲到打麦场旁边的鱼塘里，而我不会游泳。幸亏周围有人看见，把我救了上来。

当我满肚子委屈地回到家的时候，却没有等来任何安慰，等来的只有母亲的数落："你怎么这么不让人省心呀，学了那么多次，怎么就学不会骑车？"那一刻，我爆发了，我再也不顾及母亲的感受，冒出一句沉在心底多年的话："你为什么不给我生一条好腿？"那一刻，我看见母亲本来在操劳做饭的背影在我声嘶力竭的责问中突然僵住了，浑身颤抖，好久，母亲哭出声来："我做了那么多的努力……就是怕落下埋怨……如果能换……娘早就想把自己的好腿换给你了……"

这个画面深深地印刻在我的记忆中，每当我抱怨父母的时候，都会让我产生些许内疚，但是，这些内疚还不足以抚平我心中所有的创伤。

遇见催眠，改变潜意识编程，才能真正地改变

有人说，很多人倾尽一生去努力，只为疗愈受伤的童年！而我，如果没有遇见催眠，恐怕仍然活在挣扎和内耗中。

得益于父母对我学习的重视，也因为我除了在学习方面能找回点自信之外，别无他法。尽管我自卑且敏感，没有朋友，但我的学习成绩一直非常好。在中考前的选拔中，我在全市数十所初中、数千名中

考生中，总分排名第二十二名，被提前选拔进入本市第一高中的"保送班"。这是我人生战斗中的一次大捷，让我在中考之前两个月就已经坐在了高中的教室里。我选择了住校，因为我不想再受父母的管制。然而，面对百余名新的"对手"同学，每位同学都是自己学校里的尖子生，我没有了以往的优越感，又一次失去了自信。

当一个人没有自信的时候，就希望去外界寻求帮助，我买了很多关于增强记忆、快速学习法、右脑开发的资料，而就在这些资料中，我第一次接触到"催眠录音带"和"自我确认录音带"。那年，我十五岁。

因为生活太过压抑，所以内心想要表达、想要倾诉。高三后半年，我达到了叛逆的高峰。因为我想拍电影，于是放弃了原本不错的学业，不顾父母的劝告，只身闯荡北京，想要报考北京电影学院和中央戏剧学院。当然，因为我没有接受过培训，准备也不充分，结局惨败。

那一年暑假，我的"学习成绩好，能考上好大学"的自信支柱彻底垮塌。我向暗恋三年的女孩表白，被直接拒绝。与此同时，父母在我面前不止一次地叹息、数落，表达对我的失望。我心灰意冷，甚至想要主动离开这个世界，并且付诸了行动，幸好后来被救回来。

第二年高考，父母强行帮我报考医学专业，因为他们这辈子为了给我看病，求了太多医生了，所以他们特别想要我成为医生，也能实现他们最初的愿望——有"稳定的饭碗"。但是，你懂的，我对从小到大让我吃各种苦药、打各种针的医生并无好感，于是，我以一种摆烂的心态走进了大学。意外的是，我发现了一个我之前从来没听说过的专业——临床医学（精神医学与心理卫生方向）。虽然我没有能力调换专业，但我可以选择上课的教室。于是，我天天混迹于心理学的课堂，最初的目的是想要找到解开自己心结的密钥，而之后日益笃定了自己的目标，那就是成为一名心理医生。

在后续学习中，我知道了意识和潜意识的概念，了解到潜意识的力量比意识大很多倍；我了解到，我们很多的创伤都记录在潜意识"硬盘"中，仅靠意识的努力是无法彻底改变的。这就是为什么我们懂得很多道理，却依然过不好这一生的原因。

大二的一天，学校团委请来了北京的一位心理学教授，为学生们进行了一场培训。在培训中，教授运用了集体催眠技巧，这让我想起了十五岁那年接触的"催眠录音带"。而结合心理治疗的催眠，让我亲身感受到催眠疗愈效果比其他心理咨询技术要好很多。**于是，成为一名催眠治疗师的梦想就深深地扎根在我的内心深处！**

超越原生家庭，在助人过程中找到自己的终极使命

可能是我骨子里的叛逆，或者说是使命的感召，每当我走到人生的十字路口，我总是选择一条与众不同的路，因此我没有同伴，只有孤独。

我把自己想象为一名在大漠中看孤烟的剑客，腰悬残剑，瘦马相怜，面对残壁断垣，仰天长叹，不经意间已泪洒青衫。

大学毕业时，因为我在五年里参加了征文、书法、戏剧等各种比赛，获得了四十多张荣誉证书，每年都获得奖学金，所以，学生处、校报编辑部、《眼科新进展》杂志社都给了我录用通知书，但我都拒绝了，只因为我想要成为一名心理医生，想要用催眠帮到更多身体上不一定有残疾，但心灵上有"残疾"的人。

之后的路走得一点也不轻松，因为心理咨询行业刚刚兴起，社会认知度不够，大众对催眠也有诸多误解。然而，随着自己的努力精进，走出咨询室的来访者的有效改变和真挚感谢所带来的成就感激励着我继续向前。

就在越来越多的人称我为贵人的时候，2010年10月，我遇到了我最大的贵人——美国催眠大师汤姆·史立福老师。他在1994年来台湾上电视节目，催眠了大S、小S、李玟、庾澄庆等明星，掀起第一轮催眠热，而我与他的合作直接让我的催眠事业迎来了爆发式的发展。

从2011年开始，我先后七次将汤姆·史立福老师请到内地开设课程，为中国的催眠行业带来了理论升级和技术革新。

2013年，我翻译了一本畅销书《汤姆·史立福教你学催眠》，使得科学催眠在催眠行业成为一面耀眼的旗帜！

2014年7月，我成功策划了汤姆·史立福老师的千人催眠秀（由岳阳市委宣传部牵头组织，岳阳市电视台主办）。从同年9月开始，我多次被复旦大学邀请，为复旦大学心理系学生进行一系列的催眠培训。

2016年，我获得了美国第一个国家认可的催眠大学——催眠动机学院（HMI）的中文授权。

2017年，我出版了译著《HMI专业催眠师教程》，引发行业理论革命，引领众多催眠导师修改教材。

2022年，我出版了译著《催眠赋能：让你在运动场上超常发挥》和《催眠赋能Ⅱ：轻松改善你的性生活》，引领催眠行业吹响细分领域的号角。

迄今为止，我翻译完成了汤姆·史立福、奥蒙德·麦吉尔、约翰·

卡帕斯及 HMI 学院的多部书稿及核心视频资料，共计 500 万字，都在陆续出版中。

当然，在这个过程中，我从来没有间断过一对一的催眠疗愈和自己的催眠培训，不仅来访者称我为贵人，越来越多的心理同行也称我为贵人，因为我能给他们带来新的知识和技术，帮助他们提升用催眠帮助他人的能力。

在这个过程中，我所有的辛苦付出，都凝聚为我的终极使命——把世界上最先进的催眠技术带到中国，让中国催眠行业与世界同步。

友者生存2：世界和我爱着你

每一个人都有无限可能，现在的你只表现出潜能中的冰山一角，更多的潜能是来自水面以下的冰山——那个优秀的自己。

请不要停止前进的脚步，因为你值得拥有更好的

■ 李林芮

互联网微创业教练

人生蓝图规划师

10年深耕问题性肌肤调理，有1000多个成功案例

友者生存2：世界和我爱着你

当你翻到这一页，说明我们彼此有了联系。大家好，我是李林芮，一个来自农村家庭的孩子。我从小家庭环境艰苦，什么都是自己做，真的是"穷人的孩子早当家"。小学一年级的时候，我需要自己去交学费，每天自己做早餐，自己上学。我在十多岁的时候，背过稻谷，扛过稻谷机，挑过茅草，砍过柴，割过草，撒过化肥，挑过牛粪。**那段为了生存拼尽全力的日子，磨炼了我不服输的意志，也让我明白唯有读书才能有出路。**

我的求学路并没有那么顺利，高中的时候因为掉了学费，我不敢告诉父母，害怕被责骂，于是向同学借钱，用生活费来补上。那段日子，我每天吃的都是白米饭加一点点鱼罐头，因为身上没有钱，没办法，只能硬扛。

上大学的时候，因为家里太困难了，母亲让村里的人劝我不要读书了，家里供不起，还有弟弟妹妹要上学。然而，越是这样，我越想逃出这个贫困的牢笼，坚定地要上大学。我知道唯有读书才有出路，不然我一辈子就会被困在这个小山村里。在求学路上，我一边勤工俭学，一边周末兼职赚自己的生活费。为了帮助家里省钱，学校每次举办体育比赛和唱歌比赛，我都参加，别人为了名誉，而我为了赚生活费。**虽然辛苦，但我觉得很值得，人生不就是在历练中不断成长吗**？

大学毕业后，我进入了一家饮料公司实习，每天都做实地巡点、售后维护的工作，高强度的工作让我躺在床上就能马上睡着，直到第二天醒来时，连姿势都没有变过，可见有多累。我曾经想放弃，但每每想到，不做的话我一个新人又能做什么呢？最后我还是咬牙坚持了下来。那段实习经历让我明白了当下是能者胜的时代，我没有背景，拿什么去与别人竞争呢？人要有自知之明，现阶段作为一个实习生，我没有挑的能力，只有努力干好这份工作，让自己能在这个城市生存下去。

人生兜兜转转，2014年，我进入了美容行业。这个行业有学习成长的空间，只要肯付出努力，就能获得自己想要的结果。我愿意从零开始。那段日子，为了学习护肤手法和快速适应工作，我每天加班到很晚。因为我没有问题性皮肤方面的基础，所以我在下班回家的公交车上，依然在练习手操和背专业知识，我的手都没有停过，因为我知道从陌生到熟悉需要时间。通过勤奋努力，我对工作快速上手，如今我也在公司担任核心职位，为美容行业贡献自己的一份力量。

2021年，是我生下第一个宝贝的时候，也是我人生中最迷茫的时候。我看了张萌老师在周四主持的《又忙又美说》直播，她说："女性也可以又忙又美，做自己人生的CEO。"这句话打动了我。而她正是这样的践行者，从她身上我看到了可能性，所以我参加了她推荐的早起陪伴营，跟着全国各地的小伙伴一起培养早起好习惯。刚生完孩子的我，身体还没有恢复，还有138斤，比我没怀孩子前重了33斤，让我倍感焦虑，所以我下定决心一定要瘦下来。于是，我每天的目标就是减脂瘦身，希望快速恢复身材，尽快地投入工作中去。

刚开始我还不能做剧烈的运动，所以我从饮食上进行调整。那段时间，我隔几天就会去称一下体重。当自己快坚持不下去的时候，我总是鼓励自己，相信坚持的力量，坚持做难而正确的事情。只要我体重减下来，一切都不会那么难了。我总是试穿自己过去苗条时穿的衣服，不断地刺激自己还要继续努力。担心自己坚持不下去，我参加了"21天马甲线训练营"，让伙伴们带动自己一起运动，为打造好身材而努力。通过三个月的坚持，在没有节食的情况下，只是运动和饮食调整，我就瘦了21斤，也逐步恢复到原来的身材，快速地回到工作岗位上。大家都说我恢复得特别快，直到现在，我依然坚持每天早起,并且我还会继续坚持。因为我知道,唯有持续进步,把好习惯变为自己无意识的行为,才能更好地掌控自己的人生。

在我的人生道路上,最大的转变发生在我加入张萌老师青创平台进行学习的这两年,仿佛一年的学习抵得上过去十年的。过去,自己的认知太局限了,我的世界只有美容行业,只会单一的专业技能。自从遇见张萌老师,我才明白不要给自己设限,人生没有天花板,一切皆有可能。加入青创平台犹如打开了我人生的另一扇门,让我接触到了更多高能量的人。他们勤奋好学,在互联网上不断地修炼自己的核心本领,越优秀的人越努力。原来我觉得自己有几年的美业工作经验还不错,现在才知道自己太渺小了。在这个平台上,各行业的精英齐聚,包括大学教授、企事业单位高管、民营企业老板、医生等,这个圈子太强大了,所以我要加入他们。我很荣幸遇到了高知团队,并成为其中的一员。有这样优秀的团队带领着我们,我们在互联网创业路上才能不迷茫。大家都诚心实意,做力所能及之事。在燕妮老师的带领下,我们一次又一次打胜仗,获得冠军团队的称号。**一个人可以走得快,一群人才能走得远。在这个世界上,单打独斗已经不再适应时代,唯有团队相互协作,才能长久。**

2022年,在学习《易经》《道德经》《论语》后,我发现自己的内心变得没有那么焦虑了,也更能站在对方的角度去思考问题。我的眼界变得宽广了,不再斤斤计较眼前的得失,我更关注长远的利益。以前,我会要求我的先生和我一起学习,总会用教育者的口吻劝他,因此,也引起了争执。学习了哲学课后,我意识到首先应改变自己。我深知思维决定行为,行为决定结果。要求别人做不愿意做的事是不现实的,只有让他自我觉醒,他才会心甘情愿地去做,我要用自己的成长带动他的成长。

原生家庭对我的影响很大。我小时候，每当做错事，总会被责骂，导致自己很自卑，脾气火暴，爱钻牛角尖。我以前很难控制自己的情绪，学了哲学课后，我的内耗少了，很少发脾气。遇到问题，我更多地去寻求解决的方法，而不是在那里发脾气。因为我知道，发脾气没有用，只会消耗自己，解决问题才是关键，所以我逐渐训练自己解决问题的能力。我跟随张萌老师学习了"财富影响力""财富高效能""财富高情商领导力""财富的智慧""跨年大课"等课程，这些课程让我的思维升级。在修炼自己的过程中，我逐渐明白了自己的使命，就是用自己的成长带动他人的成长。**我相信坚持的力量，因为我通过运动这个好习惯，明白了时间的复利价值。**我坚持做难而正确的事情，通过阅读、以人为师、参加行业会议，我知道了我认知的局限性，懂得了唯有大量输入，才能通过自我管理将知识内化，做到认知升级以及有效输出。

很多人说婆媳关系很难处理，对我来说并没有那么困难。我的改变还是来自自身的学习和成长。通过向张萌老师学习，我知道了与婆婆建立良好关系的重要性。她帮我带好孩子，料理好家务，我们各司其职，我才能有更多的时间投入工作与学习。所以我尽量不和婆婆发生冲突，也是自己幸运，遇上了一个很包容我的婆婆。我也通过一些小小举动，如帮婆婆买衣服、庆祝生日、每年都会给一些辛苦费等表达对婆婆的感激之情。因为有她的帮助，我才能没有后顾之忧。

孩子是父母的"复印件"，什么样的父母就会教出什么样的孩子，父母也是孩子的启蒙老师。我的转变有一部分原因是我希望能在孩子的心中种下一个榜样的种子，让他从小养成热爱早起、运动、学习和读书的习惯。言传不如身教，我的每一次行动，孩子都看在眼里，虽然他只有两岁多，但是他已经知道读书与学习的重要性。他最喜欢去我的书房写写画画，每次拉着我的手说："妈妈，读书。"他喜欢亲子阅读，我们一起练习说话，而他总是用稚嫩的行动告诉我他也要像我一样认真学习。

父母的形象在孩子心中是高大的，他们觉得父母是超人，无所不能。不要认为你的一举一动他不懂，其实他都看在眼里，虽然他不会表达，但儿时的记忆是最深刻的，所以我们要做好榜样。当然，在孩子的成长路上，会有磕磕绊绊，他们会摔倒，会调皮捣蛋，这是因为他们对世界充满好奇，需要探索。作为父母，我们要用心观察他们的变化，请多给孩子一些理解。成长中总会有不完美，但是我们应该用爱包容，用温柔引导，不要着急，多给他们一些时间。请不要停止自己前进的脚步，因为你值得拥有更好的。

每一个人都有无限可能，现在的你只表现出潜能中的冰山一角，更多的潜能是来自水面以下的冰山——那个优秀的自己。任何时候都不要放弃自己。**我常在自己意志不坚定的时候告诫自己，成功者绝不放弃，放弃者绝不会成功**。当我们没有付出不亚于任何人的努力时，请不要说自己不会。任何能力都可以通过刻意练习获得，我们应该按自己想的过，而不是按自己现在过的想。

> 通过极致践行非暴力沟通，我实际走上了一条爱与贡献的路。

结婚十年，我好像活了两世

■ 李玲

非暴力沟通极致践行者

国家二级心理咨询师

K12英语学习规划师

那一年，我结束了七年的异地恋。

我还只有 27 岁，在一个大家都认为恰到好处的结婚年龄，一切都刚刚好，我带着对婚姻美好而单纯的憧憬，自以为恰到好处地结婚了。那时，我心中笃定，传说中岁月静好、夫唱妇随的幸福生活，说的就是现在的我和将来的我的生活。却没想到，生活为我准备了重重的考验，精彩程度堪比电视剧。

毫不夸张地说，结婚十年，我好像活了两世。

第一世，从痛苦中醒来

我的第一世始于 1988 年我出生时，终于 2020 年我 32 岁时。2020 年，我终于能不顾别人的看法，敢于从单位离职，敢于做自己喜欢的自由职业，敢于做自己了。

我出生在麻阳，这里是冰糖橙之乡，大部分人家每年靠着冰糖橙丰收卖个好价钱，度过一个好年，也能给孩子存学费。大家的想法都很简单保守，就是按照过去的模式，不出错。

我出生的时候，父母正准备创业，忙着开荒山。父母没时间与我多交流，也没有耐心将时间花在与我沟通上，当然，更没有耐心将时间花在他们夫妻之间的沟通上。那时候，父母干着重体力活，带着我和妹妹。忙于创业、没有沟通方法的父母，经常边开着荒边吵架打架。爸爸说："才一把豆角，有什么好卖的？拿出去丢人。"妈妈说："你西红柿才四分钱一斤，豆角两元钱一斤，我这把豆角比你种了三个月的西红柿强多了。"爸爸被戳到了痛点，恼羞成怒，把豆角丢在地上。妈妈根本无暇顾及爸爸的心情，着急地把豆角又放回去。当时我还太小，也不知道他们在吵什么。我只是清楚地记得，最后都是以妈妈哭泣而告终。

五六岁时，我开始有了记忆，那时我最常做的一件事就是百米冲刺去姨妈家和外婆家报信，搬救兵来劝架。有一次，爸妈又吵架了，妈妈说今天必须要离婚，爸爸说离就离谁怕谁，然后他们就真的拿着证件一起出去了。我在家里干着急，不知道怎么办。当时，我的小脑袋只会想，如果我表现得好一些，妈妈是不是就会开心一些？是不是就不会走了？于是，我学着妈妈的样子，把房间扫了一遍，又把走廊打扫干净了。我想，等妈妈回来的时候，她看着干干净净的地面，也许一高兴就留下来了呢。妈妈回来后，我告诉她我扫了地，她看了下，说"好"。爸妈那天没离婚，我激动得晚上睡不着。我觉得一定是因为我表现好，妈妈开心了，所以她不走了。于是，我得出一个结论：只要我表现得足够好，我的家就是安全的。**当然，我当时并不知道这是在讨好别人，只认为这是我应该做的**。当然，我也不知道，我的打扫并不能左右他们不离婚。他们想离婚是因为他们婚姻中出现了问题，不知道怎么沟通和解决这些问题。

还有很多类似这样的事，让我养成了讨好型人格：**我总是把别人的需求放在自己的需求前面，总是把别人的事看得比自己的事重要。为了让别人开心、满意，哪怕牺牲自己的时间和精力也在所不惜。**

由于没有安全感，在这样的成长背景下，我处处争先，力争上游。在邻居看来，我是"别人家的孩子"，但其实我的内心十分不安。

我成为村里第一个女大学生，获得研究生保送资格，并以专业第一的成绩研究生毕业。然而，我在婚姻中的表现会怎么样？一切不得而知。

结婚那天，妈妈说："你和你老公都读了这么多书，他家只有他一个儿子，我们两家父母稍微帮衬帮衬，你们夫妻努力一下，以后生活会过得很好，五年后就会有房子、车子和孩子。"实际上，的确如此，30岁前结婚，一年后买房，两年后买车，三年后生孩子，不到五年，房、车和孩子都有了，我过上了别人眼中的幸福生活。在外人看来，我很幸福，家庭和美，能力突出。实际上，我肩颈疼痛，头痛不已，年纪轻轻就浑身不舒服。因为我上班照顾不了孩子，孩子与我关系疏远。工作和兼职让我每天疲惫不堪，焦虑不安，经常和老公吵架。我做着婚姻咨询的工作，每年帮助一百多对濒临离婚的夫妻破镜重圆，按理说，我应该掌握了幸福的密码，但我感觉不幸福，非常的不幸福。深夜醒来，想到女儿的未来，我不禁反思：我这么努力，过上别人眼中的幸福生活，但这真的是我希望女儿去过的生活吗？忙碌的工作让我根本停不下来，完全没有自己的时间。

"一直在做事，根本停不下来"，我突然发现，这正是我妈妈的写照。电光石火间，我发现了一个秘密：我像我的妈妈，我太像她了。 我像她一样做事认真，像她一样拼命赚钱，像她一样焦虑不安，像她一样身体不适，像她一样对丈夫挑剔……想到这里，我泪流满面。我明白，改变的时候到了，因为眼泪给了我答案。眼泪化作了勇气，我当下决定：过自己想要的人生，做女儿的榜样。我想要健康的身体，有时间陪着孩子长大，周末和丈夫一起放松休闲，让我的工作更有价值，帮助更多家庭建立良好的关系。

那天之后，很多事情都变了。我开始关心自己的身体，有意识地多陪女儿，开始减少了兼职工作，周末与丈夫共度，在工作中更多关注价值而不是安全感。一年过去了，我的生活有了改变，但我的痛苦还只减少了一部分，我还是感到累。同时，我发现前来离婚的夫妻换了人，但不同的人有相似的问题。我在这里做婚姻咨询，只能在当时帮助他们化解矛盾、减少遗憾，并不能帮助他们改善沟通、增加幸福感。我想要帮助更多人在问题出现之前，学会更好的沟通方式，减少矛盾冲突和伤害，生活得更加和谐幸福。

于是，我尝试举办非暴力沟通讲座，开设了线上非暴力沟通训练营，大家一致好评，我获得了成就感。这也让我这个 32 岁的"小村青年"终于有勇气从单位离职，成为一名坚定的自由职业者，成为一名非暴力沟通传播者。

我的第一世终于结束了。这是一个学习成长的故事，是一个在痛苦中醒来的故事，是一个和原生家庭分离的故事。

第二世，聚焦爱与贡献

如果说我在第一世被困于安全与稳定之中，那么第二世，我选择了爱与贡献。

通过极致践行非暴力沟通，我实际走上了一条爱与贡献的路。我体会到了幸福，不仅自己肩颈不痛了，头也不痛了，家人也变得更开心了。因此，我希望这条路上有更多的同路人。非暴力沟通教会我在累了的时候，不再烦恼和自我内耗，而是及时休息并寻求帮助。我学会了建立合作同盟，体贴自己，帮助自己。非暴力沟通教会我在孩子哭泣的时候，不再生气训斥，而是对孩子说："宝贝，妈妈看到你哭了，你很着急是吗？你想出去玩，我们吃完饭就出去玩好吗？"非暴力沟通教会我在丈夫洗完头发不吹的时候，不是反讽指责，而是关心地说："老公，我看到你洗了头发没吹干，我担心你着凉，我很在意你的健康，你可以先吹干头发再做其他的事吗？"非暴力沟通教会我在婆婆责骂孩子洗澡时间太长的时候，不必左右为难地选择站队，而是说："宝宝，奶奶不是想骂你，奶奶是很着急，她担心你一直在澡盆里洗澡会着凉,奶奶是关心你,我们洗完澡就出来好吗?"

第一世的我成长于暴力沟通的原生家庭,活成了胆小、讨好型人格的自己。正是因为有幸遇到并学习了非暴力沟通,我迈入了第二世,学会了关注自己和对方的感受和需要,不再重复我原生家庭的暴力沟通模式,将小事沟通成大事,而是能够用非暴力沟通化解冲突,将大事变成小事。家中时常飘荡着五个字——"那都不是事"。心中有非暴力沟通这把宝剑,它总会在暴力来临的时候帮我们维护秩序,使得一家六口经常欢笑不断。一位年长的前同事对我说:"非暴力沟通真的很好,你要把案例写下来,让更多人看到,帮助更多人,这件事情很有意义。"被寄予如此厚望,被美好的愿景吸引,我开始写书。历时4年,写了17万字,我终于完成了非暴力沟通图书的初稿。它很快通过了出版社的选题会,新书即将出版。

感谢非暴力沟通,让我勇于选择,有了更多自由的时间。感谢非暴力沟通,让我经营家庭不再使用暴力沟通,而是妙招多多。感谢非暴力沟通,让我在工作中获得了成就感,在学校和政府单位举办了十几场非暴力沟通讲座,受到了主办方和参与者的肯定和鼓励。在非暴力沟通训练营的五期课程中,学员们都给予我好评。此外,我收到了许多短视频平台上的友好私信与评论,这些都让我在传播非暴力沟通的路上收获满满的幸福感。

五年计划,放大爱与贡献

因为我经历过暴力沟通所带来的痛苦,享受过非暴力沟通所带来的幸福,所以我想把非暴力沟通分享给更多的人。我的成就感和幸福感也告诉我,未来,我将继续走在非暴力沟通的道路上,致力于放大爱与贡献。我将努力寻找更多的途径，联结更多非暴力沟通践行者和爱好者，一起来推广非暴力沟通，让更多的人从中受益，让更多的家庭更加幸福。

感谢您看到这里，如果您也认为非暴力沟通能够带来幸福，请您帮助我在未来五年举办100场非暴力沟通公益讲座，帮助我送出500本书，帮助我联系到1000个需要非暴力沟通公益咨询的人。对于想要获得成长、改善夫妻关系与亲子关系、成为非暴力沟通传播者的学校、机构、公司、社区、线上线下成长小组和个人，欢迎联系我。

《非暴力沟通》一书中有这样一句话："当我们褪去隐蔽的精神暴力，爱将自然流露。"而我发现，爱是认真细致的观察，爱是深入的感受，爱是满足合理需求，爱是提出具体请求。世界和我爱着你。

> 无论生活给予我们什么，我都视为一种馈赠。

生命中的每一次挫折，我都视为美好的馈赠

■ 梁莉

企业内训师
国家一级建造师
朗读爱好者

读书和跳出"农门",是我所在的那个年代的农村孩子最朴实的理想。我就读的学校一个年级只有一个班,初中一年级的时候,学校还在修建中,两个班轮流用一个教室,每天只需上半天课;英语老师每学期都更换,甚至找来在校大学生代课。即便这样,读书的时光对我而言依然是幸福的、快乐的,结果也是美好的。初中毕业后,我以全市排名靠前的成绩考入了一所中专院校,成功脱去了"农皮"。那个年代,中专毕业生的工作是由国家分配的,我顺理成章地进入了所读学校对应的系统,成为一名体制内人员。

学习好,工作好,生活安逸舒适,这是周围人以为的我的生活。我也一度以为,像我这样性格内向的人,除了工作,也没有更多乐趣了。我与世无争,倒也惬意自在。我的初中老师曾告诉我:**"人无远虑,必有近忧。"** 看着越来越多的年轻技术人员参加工作,我突然有了一种危机感:如果我失业了,怎么办?我常年和设备打交道,加之自己性格内向,与人交流已经有些困难了。于是,一个念头在我脑海里出现:我要换个工作,换到营销部门去,换到一个和人打交道的地方去。当时我有一个朴实的想法,认为如果自己失业了,会卖东西的人就不会饿死。决定了就去做!我不相信别人能做而我不行!通过笔试、面试,我进入了公司的大客户部。这个变动让身边的同事感到震惊,一个跟熟人说话都脸红的人,怎么去面对客户?做好了心理准备,我就跟着前辈学习拜访,自己编制方案,整合资源,做出业绩;从面向客户销售产品,到为客户经理编写营销方案、营销脚本;从说话就脸红,到成为省公司级的星级内训师。**两年时间,朋友对我的评价是"肉眼可见的蜕变"。**

有时候,生活给你的考验猝不及防。2008年5月12日,汶川大地震,其中一个震区北川是我所在城市的一个县。都说地震改变了四川人的生死观和消费观，让人们变得更加潇洒、豁达，不再委屈自己，也不纠结了。地震期间，我们一家人住帐篷里、挤车上；地震过后，满目疮痍，小家散伙，一片狼藉。感情在时，我们承诺要给彼此幸福；感情消失时，我们答应要给对方自由。我不把幸福寄托在他人身上，坚信离开谁我都可以活出自己的范儿来。凭着这份信念，婚姻的崩塌没有耽搁我一天工作，以致一年多来，坐在我对面的同事居然不知道我经历了变故。只是，一段时间里，我下班后，找不到回家的意义，每个午夜醒来，都会独自发呆。

生活平淡如水，工作按部就班。内心倔强的我，总能听到一个声音：一个女人，爱情和事业，总要有一个在路上。如果我的第二次爱情没有出现，那么就让我的事业发达，否则，这人生总是缺点什么。我萌发了创业的念头，想把自己在单位学到的、感受到的、想到的东西，在自己的第二事业上实践。

在经过思考、评估、权衡和选择后，我决定开设一个自己理想中的洗衣小店：采用小缸洗涤方式，每家衣服分开洗，使用无毒无味的洗涤剂，包含奢侈品养护等服务。于是我开始了市场调研，一边在网上联系了解多个洗衣店加盟商的政策，一边考察开店区域、人口、消费层次和交通状况等。选位置、选品牌、找合伙人，我忙碌而又充实。一个好朋友同意合伙，我们约定无论生意成败，都不能影响我们的友谊。选好了品牌后，我第一次只身前往武汉总部进行参观，考察设备、店面以及经营模式。第二次去总部，我学习了识别面料、洗衣、熨衣以及皮衣养护等方面的知识。

终于等到设备到货了，但外省的师傅搞错了送货线路，原本预计下午七点就能送到，硬是兜兜转转地到了晚上十一点多才到。十几米长的物流车进不了城区，需要到郊外转运。偏偏天又下起了雨，早已联系好的叉车师傅白等几个小时，很是恼火，几次想撒手不干了。最大的洗衣设备重达九吨，没有专用的上下车机械，我一个小女子该怎么办？师傅经不住我的软磨硬泡，同意帮我装卸。大雨没有停下来，反倒愈发猛烈。看着这些价值近 20 万元的设备在大雨中被抬上抬下，我一边担心设备被磕碰，一边担心工人的安全，同时要协调叉车和转运车，以免师傅们心生不满。设备被安全转运至店门口并放置妥当，已经是凌晨三点了。送走了师傅们，我一个人站在雨中，任凭大雨淋湿全身，脸上也不知是雨水还是泪水。那一刻，既有点被自己感动，又有点悲壮。那一刻，一个念头出现在脑海：水来，财来。也许这会是一个好的开端。

小店开业了，招聘了两名员工，其中一名员工在一年之后离职自己开店了。一名员工留了下来，这是一个朴实、勤劳的小伙子。在总部培训之后，他很快就掌握了各种洗衣技能，包括皮衣洗护和修补等，表现非常不错。小店开业不久，我的工作变得忙碌起来，经常出差。我完全无法投入精力去经营，更别说搞一些营销活动了，小店进入一种自然生长的状态，这与我当初的设想相去甚远。最后，小店不得不转让，我的第一次创业虎头蛇尾地结束了。

2023 年 4 月的一天中午，一个显示医院名字的座机电话打来，我在脑海里快速评估了一下，判断这会不会是诈骗电话。我狐疑地接起电话，电话那头的儿子用熟悉的称呼方式说："妈，我摔伤了。"虽然声音有些含糊，但我还是能听出是他的声音。"受伤了？伤哪里了？严重吗？"我抑制不住地焦虑和担忧，这是作为母亲的本能反应。他回答说："我从高处摔下来，有点严重，骨折了，现在在医院，医生说马上要手术。"我心中有一万个问题想要弄明白，但是电话那边的他显然说话有点吃力。孩子不是应该在学校吗？学校距离这个医院所在地近 200 公里呢。事情是真实的吗？他怎么不是用自己的手机打的电话？"你让旁边的医生给我说一下情况吧。"我想进一步确认一下情况。医生接了电话，告诉我："你孩子摔得很严重，刚送到我们医院，有多处骨折，我现在不能详细跟你说了，我现在马上要给他做手术。"我挂掉电话，心中充满了惊恐和疑惑。孩子受伤了，很严重，我必须要马上飞过去。现在是上课时间，他怎么会在 200 公里以外的地方？事情是真的，还是假的？稍许冷静后，我回拨这个号码，接电话的是一个护士，她很耐心地跟我确认事情的真实性，并告知我孩子现在的情况。

  我一边求证，一边订票。当我赶到病房见到儿子时，已经是晚上 9 点了。看到孩子的那一瞬间，我的大脑竟有些空白。儿子躺在病床上，穿着病号服，挂着吊瓶，头发蓬松，无精打采，面无血色。一路的担心、恐惧，各种可怕的念头，在看到孩子的那一刻，稍稍消散了一些，但是看到骨折、手术这些字眼，就能疼到当娘的心里。我拉着儿子的手，一边故作轻松地问他现在的感受、事情的原委，一边查看他的伤处。当得知事情经过后，我又不淡定了。儿子受伤居然是前一天晚上的事情，他还陷入了昏迷，无人知晓。直到第二天自己醒来，忍着疼痛，扶着山壁，摸索着走出来，向路人求助，才被送至医院。因为没想到我当天能赶到医院，他就自己交了费，请好了护工，订好了第二天的餐食。看着孩子满身的划伤，脚踝处被蚊虫叮咬得密密麻麻的小红点，各种恐怖的想法在脑海中挥之不去。那一刻，我忍不住想哭，好希望自己变成超人，可以时时护住孩子的周全。那一刻，我又有些欣慰，孩子很坚强，也很有自理能力。**那一夜，被愧疚侵袭的我，彻夜难眠。**

  因为胸椎多处骨折，医生说一个半月内，儿子都只能平躺。于是，平日里再简单不过的吃喝拉撒，都变得异常艰难。首先，要克服心理障碍，其次需要技巧。好在，儿子都坚持过来了，康复得不错。

浮沉半生，我努力过，争取过，有过挫折，也有过失败，却依然对生活充满热爱。无论生活给予我们什么，我都视为一种馈赠。因为它总会用某种方式给予我们启发和力量。譬如工作，我们会发掘自己的潜力，感谢公司给予试错的包容性；譬如婚姻，我们会明白原来我们有能力独立自主，我们有可能遇见更好的人；譬如创业，我们会发现过程很美好；譬如意外，我们会感动于孩子的坚强，感恩生命的力量，感受每一份善意与帮助。

愿你我在追梦的过程中，不断丰富自己的内在，感受生命的美好，体会奋斗的意义。

全职妈妈的追梦人生

■ 林晓丽

高级儿童阅读指导师
写作爱好者
社群 IP 操盘手

我是一名非常普通的全职妈妈，既没有非常好的背景，三十岁之前也没有取得拿得出手的成绩。结婚生子后，我全职在家，以为自己的一生将在岁月中不咸不淡地老去。

可是，带孩子的生活让我常常在深夜里无法安心入睡，我开始思考这样的人生是否有价值？我想要的生活只能依靠老公来满足吗？我能让孩子以我为榜样吗？我能给孩子更优渥的生活条件吗？我还能实现自己的理想吗？我能在父母老去的时候承担起照顾他们的责任吗？这些问题一直困扰着我。

我要追梦，我要创造自己的价值，活出精彩的人生。

然而，全职妈妈的障碍不是来自外在的声音，而是自己是否渴望成长，是否愿意忍受所有的不被理解的委屈，有没有勇气走出自己的舒适区。

经过半年的努力，我才走出内心障碍的束缚。我曾被质疑、指责，还经常会收到来自家人、朋友的信息："你现在把两个小孩照顾好，等以后他们读书了，你再工作，现在瞎折腾什么？你现在都是在投入，钱赚到了吗？你不要给你老公太大的压力了。"我被拒绝了很多次，无人理睬我的时候更多。我老公非常支持我去做自己的事情，但前提是不能影响到家庭。作为宝妈，最紧张的就是时间了，而且我还要照顾两个小孩，更是忙碌、焦虑。然而，这些问题都不是问题，问题是我想不想去做。只有经历磨难，才能让自己更强大。现在的我有足够的稳定内核来面对生活中的种种挑战，在追求梦想的道路上，我正全力奋进，也更加坚定自己的目标。

改变的机遇

全职妈妈往往被局限在团购等副业上，似乎只要有时间用手机分享一下产品，就能获得副业收入。购物平台那么多，为何我选择了目前这个改变我的平台？当初，我选择这个团购轻创业平台，只是因为它的产品质量把关很严，为我节省了挑选的时间。我刚开始专注于此平台时，就是因为它产品质量好和负责任的售后服务。这份副业不用担心影响人脉，更重要的是，我需要一份收入。在公司创业理念的熏陶下，我在助力个人成长板块中得到了滋养，激发了爱自己的想法、逐梦的信心及追求成功的梦想。

我知道这个平台适合所有不甘于平庸的人，我也愿意帮助那些需要我的人。在做团购的过程中，我了解到了什么是私域、公域和全域。我想这就是我未来的机会，也是我目前能做的事。可是，这个过程并非一帆风顺，被人拒绝是家常便饭。我本以为卖货和带团队是特别简单容易的事，但是连我最亲近的家人都不理解，也没有支持我的事业，因为他们认为我应该在家照顾小孩。

面对种种打击，我曾想过放弃，然而，内心的声音在质问我：你这么轻易就选择放弃吗？我不愿就这样轻易地放弃自己曾经追求的目标，因为我知道，如果我就这么轻易放弃了，以后做任何事也一定会放弃，我坚信自己的选择是对的。想要取得成功，我该如何去做呢？

我要改变自己，要创造价值，要帮助和我一样的宝妈或想增加收入的朋友，让更多的人过上更充实的生活，同时拥有实现自己价值和梦想的能力。**我想实现这些目标的前提是我得有这个能力，才能去托举更多的人，才能让大家获得成功**。

抓住改变的机遇

在过去的半年时间里，我持续地发朋友圈分享，进行私聊，以及在还不到 100 人的社群中每天更新产品使用效果和我的学习收获。但是，我的进步非常慢，并未带来明显的经济收益，有的只是自己思想的成长。我开始思考自己能为他人提供什么样的价值或服务，这个思想转变也是我个人成长的重要转折点。

我从关注外界转向审视内心，报名了头部教育主播的修心课程，与良师益友共同成长。这让我明白自己一定要向身边的人学习，提升自己的认知，明确自己的人生目标。在不断结识更多爱学习、追求精进的朋友的过程中，我开始认识到，自己一定要向上学习，不能一味埋头苦干，得向有经验、取得过成果的人学习，一定要在这个领域开辟属于自己的路。**正是这种正向的学习，让我停止了内耗。**

学习改变命运

对我影响最大的是舍得投资学习。只有不断学习，才能改变自己的思维，逐步制订自己的目标，并形成推动自己不断努力的动力。知识改变命运，所以我们不要停止学习。在摸索学习的过程中，我开始清楚地知道自己想要什么，以及能做什么。

尽管我知道努力挣钱是为了更好的生活，但是我也想知道生命的价值是什么。我能为自己、家庭和社会创造什么价值？如何去体现它，实现它？那就是点燃自己，照亮他人。正如海峰老师所说，"每个人的内在都闪闪发光"，因此我相信自己也可以。正是由于这种信念，我参与写作这一本合集书，实现了自己曾经的写作梦。

其实这里有一个小插曲，我原本想靠近平台的创始人，但由于条件不够，当时感到非常失落。然而，我刻意练习转念，很快就放下这件事，相信一切随缘，相信会有更好的安排。结果，我听了海峰老师的直播课，我想这也是我的缘分吧。

只要你敢想，你敢靠近优秀的人，突破自己的圈子，那么一定可以提升自己的认知。也是因为珍惜每一次学习的机会，我联结到很多优秀的人，学习了很多的经验，能力得到了提升，心中的梦想也被点燃，我更加清楚自己未来的走向。一个人的认知是有限的，学习是无止境的。你不走出去，永远不知道原来很多机会或答案就在每个你能接触到的人身上。

例如，我起初是想靠近这个平台的创始人，结果我没有机会。然而，通过修心，我及时学会转念，我相信好好努力，以后也会有好机会。结果，我就接触了海峰老师，一下子就点燃了我的写作梦想，知道自己以后要做什么。所以，你才会看到我写的这篇文章，我正准备抓住机会，追求精彩的人生。

所以，**当你迷茫困惑的时候，一定要走出去学习，以空杯的心态去接触厉害的人，因为他们有可能就是你实现梦想的贵人。**

正因为有一些机会是我无法得到的，这反而更加激励我向上努力，而不是轻言放弃。如果你自己不闪闪发光，凭什么要别人看到你？你想要让别人看见，不要站在黑暗的角落等别人，内耗自己，而要主动靠近优秀的人，抓住一切可以学习的机会，让自己的能量不断提升。

闪闪发光，不是你要取得多好的成绩，而是你知道自己想要的是什么，然后为了这个目标全力以赴。

未来的定向

在进行私域成交、写作逐梦以及搭建自己的团队时，都离不开个人品牌的建立。那么如何去建立自己的个人品牌呢？我刚好在写这篇稿子的时候，报名了一个老师的私董课，为了在2024年打造出自己的个人品牌，我愿意为此付出费用。我相信这个选择，期待自己的成长。

首先，成为自己的贵人。不断学习，开始破圈，认识越来越多优秀的人。每个领域的大咖，都为我提升了学习的认知。该付费学习的内容，一定要舍得，因为这是你靠近他们的门票，也是让你受益终身的选择。要相信你自己的每个选择都有收获。我坚信，通过努力改变自己的现状，相信自己才能成就自己，才能获得成长。

其次，找到能帮助你成长或帮你挣到钱的贵人。我很感恩自己在2023年接触了很多好老师，跟着他们学习，打开了自己学习的眼界，有勇气去追逐梦想，开始打造自己的个人品牌，进一步向目标前进。

最后，要成为别人的贵人。这也是自己未来要去做的事情、需要去实现的价值，也是我能做、愿意去做的事情。

回归到一个话题，如何实现生命的价值，这就是我最后的答案：成就他人，造就自己。在合作共赢的时代，人与人之间的资源很珍贵，我们既要珍惜这些资源，又要很好地利用它们，去实现每个人的理想。

我不仅是全职的二胎宝妈，更是追逐梦想的人、实现梦想的人，不甘平庸，也是为了更好的将来。我能克服一切困难，既照顾好家庭，又可以推进自己的目标，实现目标。所以，很荣幸你能看到我，希望我的经历能给你鼓励，相信自己，创造价值，实现理想。

人生漫长而短暂，与其碌碌无为地过一生，不如拥抱梦想，燃烧自己。我们需要用艰苦的奋斗来实现目标，同时也要期待并相信美好的诗与远方。正如老师所说："把热爱变成赚钱的事业。"愿你我在追梦的过程中，不断丰富自己的内在，感受生命的美好，体会奋斗的意义。

> 这次，在这个新的起点上，我们不仅分享健康体验，还要持续分享健康的生活方式。

一个民间中医的成长历程

■ 马帆

20多年自然疗法践行者

宝明源记创始人

有多年一线实战经验，年服务人次近两万

二十世纪七十年代初，我出生在河北石家庄的一个回民村镇。我的父亲是当时公社（现在叫乡镇）里为数不多的中专毕业生，酷爱中医。1963年，父亲参加过县里组织的一个赤脚医生中医培训班，用父亲的话说，算是学了点皮毛。

小时候，我们家里茶余饭后的话题总是和中医有关。在父亲的影响下，我从小就对中医产生了浓厚的兴趣。尤其是针灸，我觉得它简直不可思议，小小的银针怎么有那么神奇的力量？

在我十四岁读中学期间，父亲为我规划了一个方向——练习武术。当时也是为了增强身体素质，培养意志力。

那时候，我算是有梦想、有规划的小姑娘。等到我终于走进大城市，找到一份稳定的工作时，我发现我内心深处渴望成为一个治病救人的医者。工作几年后，我还是悄悄辞职，应聘到一家报社担任记者，这样我就可以接触到更多中医界的名家。后来，我又兼任一家香港中医药类媒体的内地记者。借助工作的便利条件，我接触到的都是名医或者是有家传秘方的民间高手。通过和他们交流，我不断提升自己的认知，对中医有了更充分的理解。我自己也逐渐明白了这条路该怎么走，知道在哪个阶段该选择哪类书籍阅读等。**我感悟到学习中医不仅要提升认知，还得掌握各门类的方法，用方法来见招拆招地治病**。那时候，我身边的人都是我的实验对象，以至于很多朋友看到我就像看到瘟神一样躲着走。随着学习的深入，个人实践越来越多，积累也越来越丰富，有些常见的小毛病自己基本上都知道用什么方法来治好。

不知不觉中，十多年过去了，我已悄然步入了大龄剩女行列。2010年，我遇见了我的先生。他15岁就考上西安交通大学，毕业后被分配到上海某研究机构工作。后来，他又被外派到国外读书和工作。我们认识的时候，他的企业经营得很不错。我记得初次约会时，一眼看到他那端正的五官、修长的身材和儒雅的气质，十足高级知识分子的风范，我心里想：这就是我要找的人。我们彼此出于灵魂深处的直觉，确信自己不会看错人。于是，我们很快就结婚了。我们选择在长江尽头的太仓安家，我们的儿子在这里出生。那段时间，先生和儿子似乎是我生活的全部，我也顺理成章地做起了全职太太。但是，我始终还是舍不得内心的热爱。在家带孩子期间，趁着孩子睡觉的空当，我还是会悄悄给熟人调理身体。只是，我先生不允许把病人带到家里来。

无忧无虑的生活仅仅持续了2年，我先生的公司就因为投资失败破产了，上海最好地段的房子也卖掉了。**看着他几乎绝望的眼神，我毫不犹豫地决定自己重出江湖。**

我很快利用自己的人脉和以前的合作伙伴，共同创办了一家中医馆，后来又开设了中医培训学校。我的想法很简单，通过引入合伙人，实现快速成功创业。

理想很丰满，现实却很骨感。一年后，微薄的营业收入根本不能覆盖持续不断的投入。没多久，合伙人不愿意继续了。分手的过程很痛苦，结局也是残酷的，昔日的朋友变成了仇人。但我没有退缩，很快我又陆续找来2位中医专家合作。无论是诊所还是培训学校，业绩依然不佳，债务也开始累积，我们的生活彻底变了。

望着整日眉头紧锁的丈夫和天真无邪的儿子，我陷入了沉思。合作消耗了大量资源，也积累了经验，我决定自己单独干。这次，一定把自己积淀了多年的那股子劲儿慢慢释放出来。

也就是在这段时间里，我结识了一位老人。他是上海建工医院的退休医生钟教授。初识钟教授，他似乎并无名医的头衔，也不是大医院出身。但是随着和老人持续交流，我真的大开眼界。他不仅提升了我的中医思维认知高度，还教导我学习与实践中医的方法。老人还时常提醒我，不论做什么事情，先做一个品行端正、脚踏实地的人。

后来我才知道，老人是北大医学部首届毕业生，全名钟天乐。他毕业后留北大任教，"文化大革命"到来，钟教授被下放到甘肃一个偏远的小县城，当时还有一位老中医和他住在一个牛棚，政府就安排他们为当地老百姓看病。据钟教授讲，他第一次觉得中医的疗效太神奇了。

"文革"平反后，组织安排钟教授来到上海。那个时候，他已经是我国癌症肿瘤手术领域的早期专家。退休后，钟教授一直在持续研究和学习中医。经过二十多年的努力，钟教授对中医的认知已经达到很高的水平。当我认识钟教授的时候，他已经快八十岁了。在钟教授的点拨下，我的中医学习和实践有了显著的进步。**我也算是站在巨人肩膀上成长起来的。**

从我学针灸开始，我就坚持一个原则：任何穴位或者治疗方案，我都要在自己身上进行实验。我发现我的身体经络对穴位非常敏感。通过自我体验，结合辩证思维，我找到了真正有效的治疗方案。我爱人可以说是我最贴心的助手。例如，在验证中医子午流注疗法的时候，我常常要在半夜或者凌晨起来下针，他的全力支持是我信心的源泉。

2014年，我们搬到嘉定创业。我们在城区租了一个100平方米的门面房，简单装修后，放了4张床，开始做养生馆。因为没有针灸执照，我们只能主打点穴。只有对非常熟悉和信任的客人，才会使用针灸手法。我们没有进行任何推广，全靠口碑相传，甚至也不敢去大众点评网推广。我尽心尽力对待每位客人，发现问题后，我就查找资料，改变辨证路线，直到产生疗效为止。随着就诊量的积累，我的中医辩证体系日渐成熟与完善，我的信心也开始一天天增加。开业初期，每天只有几位客人，一年后，因为疗效好、服务到位，每天接待的客人增加到几十位。我们陆续招了2个助手，升级了软装和设备，养生馆开始盈利，我们还清了债务，我觉得自己总算有点价值了。

这期间，从安徽马鞍山来了一位腰痛腿疼的地产老板，当时他准备去上海做关节置换手术，但在我的劝说和症状分析下，他取消了手术。在我的小馆经过一段时间的调理后，他的膝盖关节慢慢恢复了。后来，我们成了挚友。在这条路上，我一直结缘身体有各种问题的朋友们，彼此欣赏信任，他们一直支持我，我也乐此不疲地分享健康的生活方式和中医故事。

随着我的小馆越来越火，100平方米的空间已经不够用了，正好两年租赁合同也到期了，我们就准备换地方。新的场地有300多平方米，正对着1个高档小区的大门。原来这里也是开养生馆的，据说在这里开店的店主没有一个可以做长久的，也不知道换了多少个老板。连小区门卫都说，这里不够安静，留不住人，他们认为我们租这里迟早也会关门。最终，我们还是决定租赁这里。搬到新地方后，我的小馆日均接待量接近100人。

后来，来找我治疗的人越来越多，问题也随之出现。有人举报我非法行医，我被罚了一次款，并签字画押，承诺以后不再使用针灸。我们不得不停止针灸项目。我认为，以后的日子，只要我把小馆开在街边，门前总是车水马龙，就会有各种是非找上门，我决定寻找一个远离闹市的位置。可是，哪里有符合我要求的场所呢？

就在我人生最艰苦的这个阶段，我的客户中一位非常正直、有担当的朋友得知我的情况后，主动帮助我解决各种困难，并结合我的实际情况和需求，推荐给我一个合适的场所。这位朋友一直坚信我所做的事业是有益于社会的，我所提供的是对社会有价值的服务。

在这位朋友的帮助下，2018年10月，我的小馆又一次搬进新的场所。在新的场所里，我开始调整经营思路，将针灸的辩证思维转换成艾灸方法来操作，避开了民间中医那个永远的难题。

每年到了暑假期间，小馆的日接待量最高达到两百人次。我从早上五点半开始艾灸，一直干到下午3点，经常顾不上吃中饭。接待大厅总是挤满了人，很多人等不及就放弃了。整个暑假，我们的营收达到了创纪录的140万元。辛勤和努力，总是有收获的。同时，我经常被各大企业及政府机构邀请做"健康的生活方式"主题分享。2023年10月，满怀对美好生活的向往，我的小馆搬进了一个一千多平方米的艾灸馆，我们为它取名为宝明源记。

这次，在这个新的起点上，我们不仅分享健康体验，还要持续分享健康的生活方式。同时，我们准备分享我这些年个人积累的经验，以及钟教授传授给我的学习路径规划的正确经验。通过这一千多平方米的艾灸馆，我们将这些有价值的信息传播给需要的人、那些一直在养生创业路上奋斗的创业者！

> 我用十年奔走,曲线救国,寻找自我;我用十年等待,直面自己内心的热爱!

以"声"作则,传递价值——你终究会成为你正在成为的人

■ 梦静

主持人、演讲教练
萤火虫阅读演讲俱乐部创始主席
英国UKCA注册国际高级职业培训师

以"声"作则,传递价值——你终究会成为你正在成为的人

追求的后面没有句号,

人生也永远没有太晚的开始。

只要你听从内心的召唤,

勇于迈出第一步,

人生的风景就永远是新奇的、美妙的。

梦想,是生生不息的渴望

没有一颗心,会因为追求梦想而受伤。

当你真心渴望某样东西时,整个宇宙都会来帮忙。

——保罗·戈埃罗

我从小生活在浙江的一个小县城,没有太多见识,也没见过什么世面,对未来充满迷茫。而高三那年的校园元旦晚会,让我有了真正意义上的自我觉醒。

每年的元旦晚会,学校都会组织各班的文艺骨干表演,如唱歌、跳舞、朗诵、小品等。我关注的不是这些,而是台上的报幕主持人。我在想,他们为什么能做主持人呢?怎样才能做主持人?老师为什么没有找我呀?突然,我意识到,为什么要等老师来找我?难道我不能毛遂自荐吗?于是,高三那年,我鼓起勇气,打听到元旦晚会的负责老师,我敲响了老师的办公室门,紧张地说:"老师好,我是高三4班的梦静,请问我能做今年元旦晚会的主持人吗?"老师听后非常诧异,解释道,元旦晚会基本上都是给新入学的学弟学妹们展示自我的机会。班主任得知后,也不赞同,怕我耽误备考,拖全班模拟考的后腿;爸妈更是直摇头,说都要高考了,我却还在追求这些没用的东西。

但我没有放弃，因为这是我第一次对梦想有如此强烈的渴望。三年间，每次路过学校大礼堂，我都会驻足停留，幻想自己站在舞台上手持话筒，口吐莲花，享受掌声。如果能当一次主持人，我就满足了！马上要毕业了，我期待在离开校园前，能有一个上台的机会。

最终，与爸妈和学校沟通后，他们都被我的坚持打动了，决定一起帮我圆梦。负责老师还耐心地为我进行一对一辅导，让我最终有了第一次上台主持的机会。**站在台上，当聚光灯打向我，我感觉到了前所未有的紧张、兴奋和喜悦！**

梦想总是会在心中慢慢放大。有了第一次成功主持学校晚会的体验，我决定参加艺考，我未来要当主持人！当时离报考艺校的截止时间已经很近了，其他同学提前半年甚至一年就已为艺术专业课做了准备，而我几乎是一张白纸。高考前6个月，我一边努力复习文化课，一边利用休息时间努力向学长学姐请教，回家对着镜子自我练习，懵懵懂懂，同时也奔赴杭州、南京、北京等地参加艺考，现学现用，积累经验。皇天不负有心人，半年后，我被一所传媒学校录取了，专业就是我期待的播音与主持！

梦想，是重新出发的勇气

我的梦想，值得我本人去争取，我今天的生活，绝不是我昨天生活的冷淡抄袭。

——《红与黑》

进入传媒学校学习，并没有我想象中那么美好和顺利。入学后，我才知道，原来我是班里的"垫底王"。在专业课方面，班里大多数同学都有一定的基础，成绩优异，而我的专业课是踩线过的。每当传媒公司来学校寻找拍摄宣传广告、平面模特、群演的同学时，都是找班上长得漂亮、各方面突出的女孩，基本没我啥事。在这种情况下，我就怀疑自己是否适合这个专业，甚至自卑得想退学。

有一天，市里周末临时举办了一场为当地盲人协会举办的联谊活动，社区找到学校寻求一位主持人，不过这是一次公益活动，没有报酬。班上那几位突出的同学要去旅游、购物或恋爱，总之不想"浪费"周末宝贵的时间，于是这个机会竟"赏赐"给了我。在确认要主持后，我认真准备，将"毕生所学"运用到极致。活动结束后，我获得了区领导的好评。是的，我就是从那次没人愿意接的公益主持开始，积累了一次又一次的经验。后来我才发现，学校里的理论学习，远不如一次实践主持对主持能力的提升来得快，实战出真知。我也从初入艺校的"白纸"，到毕业后荣获省级优秀毕业生的称号。

然而，从传媒专业毕业后，我并没有立即进入电视台工作，而是选择继续求学。如果说播音主持是我的象牙塔之梦，那么汉语言文学专业就是为梦想夯实基础，我不仅需要台上的声、台、行、表，更需要修炼文学素养内功。工作之后，我又攻读金融学，这让我打开了人生新的一扇窗，我了解了商业运作、公司治理等底层逻辑，无论是对自己的人生还是事业规划都有了新的认知。

学了三个专业后，我的发展方向更广泛了，但貌似离电视台也更远了。我进入企业工作，一待便是十三年。作为企业白领，我的工作内容涉及品牌文化、投资管理、公共关系，工作非常充实和忙碌，但每天的加班加点和内卷，让我渐渐到了职场的倦怠期和瓶颈期，情绪一度低迷，而唯独一些小时光，让我觉得工作仍有意思，那便是：公司年会需要主持人时，会找我；对外宣传企业文化需要介绍人时，会找我；代表公司出去参加演讲比赛时，会第一时间找我！

渐渐地，我意识到每次站在舞台上做公众发言，都让我感到兴奋。原来我依然怀念和喜欢那种站在舞台上手持话筒的感觉！我的内心一直藏着那个主持梦。

我做了一个重要的决定，选择离开职场，破釜沉舟，直面内心的最爱，去做自己热爱的事情。

梦想，是披荆斩棘的旅程

你的理想与热情，是你航行的灵魂的舵和帆。

——罗曼·罗兰

生活不会亏待任何一个心中有光、全力奔跑的人。离开企业后，我加倍努力，作为自由职业者，晚上努力学习新知识，白天在艺考机构做辅导老师、接商演、做直播……无论活动大小，我都认真准备和交付。

然而，有一次我参加一个手机宣传的活动，主办方把我喊进一个小黑屋，说："一会节目过半，你就说今天福利大放送、新品发布，把这些手机都给销一销。"我有点懵，不是说主持报幕吗？怎么还销售产品？接过讲稿，扫了几眼，再看看墙角的一蛇皮袋手机，恍然大悟，这哪是什么新品发布，这不是要我卖假货手机吗？活动马上就要开始了，我不知如何是好。我怀着忐忑的心情走上舞台，手心冒汗，支支吾吾，随便报幕了几个节目，就混过去了，压根没提卖手机的事。没错，我搞砸了他们的活动，现场0成交。下了舞台，主办方恶狠狠地指着我的鼻子说："喂，你在搞些什么？还专业主持人，把你拉入黑名单，以后别想在商演圈子里混了！"

在回去的路上，我的眼泪止不住地流淌，心里觉得委屈。我在犹豫是否报警，但我又害怕他们回头找我算账。但我一想，如果今天我不站出来，明天他们还会再找别人来进行虚假宣传，绝不能让这种恶行继续下去。于是，我拨通了报警电话，没想到有关部门在三天之内捣毁了所有的非法窝点！我不仅战胜了恐惧，还因为协助当地执法部门办案立功，被媒体纷纷采访和报道。

因祸得福，我的主持事业不仅没受影响，还越来越红火！大家得知我的事迹之后，纷纷找我主持，有政府单位的大型演出、大品牌平台发布会的主持，以及费玉清、张韶涵等明星演唱会的主持等，我的主持费也由最初的三位数涨到了后来的五位数。另外，我也积极参加各类比赛和公益宣讲，不仅获得市级企业主持人大赛冠军，当选会长，还被评为市级模范巾帼标兵，这些荣誉都给了我非常大的信心和动力。

恪守职业道德底线，维护社会正义，是每个主持人的基本职业素养，我们需要以"声"作则，做为人民发声的价值传递者。

梦想，是成人达己的快乐

你终究会成为你正在成为的人。

——毛姆

近几年，我一直专注于政府、企事业单位大型活动的主持与策划工作，因此在专业技能、人脉资源以及跨界社交方面取得了显著的提升。曾有人说，人脉不是你认识多少人，而是你帮助了多少人，那些被你帮助过的人才是你的人脉。在与一些政府领导及企业高层接洽主持工作的过程中，就有领导提出，希望我为他们员工提高职场沟通表达、工作汇报等职业素养提供辅导，或者为企业老板上台发言及项目路演时的演讲提供私教辅导。话说，世界上最恐怖的三件事是即将到来的死亡、无名未知的黑暗和当众演讲。你觉得一项技能信手拈来，但对别人来说是天大的难题。这个时候，我发现我的价值不仅在于做好一场活动的主持，更多的是结合过去自己的企业工作经验和表达能力，帮助更多的人成就自己，用表达助力职场发展。

于是，我在多平台进行持续深造学习，通过学、练、评、赛、教的闭环模式，结合自己十多年职场工作的经验，渐渐地，我又多了一个职业培训师的身份。同时，我在主持演讲、讲课培训比赛中屡获冠军，成了大家眼中的"冠军收割机"。这些荣誉也带给我更大的信心和能量，让自己更好地运用专业知识去帮助别人。

我用十年奔走，曲线救国，寻找自我；我用十年等待，直面自己内心的热爱！

近几年，我一边做主持，一边深入政府、企事业单位，担任成长导师、演讲教练和职业素养培训师。无论是主持、老师还是培训师，我深知最快成长的方式就是助力他人成长。

每个人的内在都在闪闪发光。未来，我会做自己的社群运营、创办读书演讲俱乐部、持续更新短视频、出版图书。我要用自己的专长，采访100个充满能量的人，帮助超过10万人提升语言表达能力，提升职场和家庭沟通的幸福指数！

我一直走在学习和成长的路上，期待遇见更好的自己。

坚持你的坚持，热爱你的热爱。

成就别人，就是成就自己。

梦想的实现，最终就是成人达己的快乐！

> 刘珂可以在派出所梗着脖子说这就是她的亲妈，她照顾亲妈有什么错？她送妈妈去养老院有什么错？

一切都是最好的选择

■ 莫桑花

国内 TOP 1 地图 App 前运营专家
百万营销方案操盘手
职业规划师

最近，刘珂正在经历一场人生的变革。在她过去的35年里，她一直不知道如何面对自己66岁、智力却只如几岁孩童的妈妈。

妈妈对她不差，上小学的时候会给她买《十万个为什么》丛书。上班后，每当刘珂回到姥姥家，受到两个姨的刁难，她的妈妈就会把她护在身后，却什么话都说不出口。正如那两个姨所说，她的妈妈一直和姥姥生活在一起，她没有和妈妈真正地生活过一天，她甚至没有和妈妈共眠一床的记忆。

在这场淡漠的亲情里，随着刘珂与两个姨的矛盾愈演愈烈，那些难听刺耳的话语如同北方大风天里的落叶，层层叠叠地落进刘珂的心里，融入她的血管里。每当刘珂因为娘家的糟心事儿受到老公挤兑的时候，她说不出任何话。

伴随着经年累月的絮叨和争吵，刘珂不知道从什么时候默认了一个事实：她是被抱养的，而之所以抱养她，就是为了给这个智力低下的妈妈养老送终。

如今，从小养育刘珂的姥姥去世了，这位她至亲至爱的老人，在她人生的最后几年，用一种不可理喻的方式让刘珂对她从爱到恨。

九年前，刘珂那位患有严重精神病的父亲突然离世，一直掌握刘珂家房产本和父亲退休金的姑姑宣布去外地照顾孩子，从此找不到踪迹。彼时，26岁的刘珂没有办法，在家庭聚餐上，只能求助姥姥，请她联系姑姑，哪怕压一压姑姑，把事情说清楚也好。姥姥不作声，而她的两个姨则是看热闹般地说了两句不痛不痒的话，就不再理这个话茬。那个时候，还不是刘珂老公的蒋亮看不下去了，直接吼出如果没有房产本就不结婚，惹得在座亲戚一阵指责，而刘珂的妈妈就像一个小孩儿一样，劝那群"豺狼虎豹"不要再骂了。没有人听她的，也没有人听刘珂的哭喊。

刘珂就像个局外人，被迫卷入了一个本不该由她面对的烂摊子之中。这是刘珂第一次想要彻底逃离这个家庭，不要她的妈妈，但是刘珂做不到。她托了关系，报了警，知道了姑姑的住所，天天在姑姑家门口蹲守，用了一切她能想到的办法，终于逼得姑姑现身，返还了自家的房产本和父亲的退休金，换来了姑姑一句老死不相往来。不往来就不往来吧，刘珂心想，至少有了这笔钱和房子，妈妈的晚年就有了保障。

这个事儿没过多久，刘珂的三姨就打来电话，要求刘珂将妈妈家的房子装修一番。三姨口口声声说是姥姥的意思，为了让她妈妈有一个好住所，实际上明里暗里跟刘珂说房子装修好了，可以将房子租出去，租金让姥姥拿着改善妈妈的生活。刘珂不愿意，结果没过多久，她的准婆婆就接到三姨的一个电话，说刘珂带着一个开黑车的男人，带着她妈妈出去玩了。多棒！来自娘家的攻击只是因为她的"不听话"。忙了一天的刘珂拿出代驾收据告诉她的准老公和准婆婆，因为自己上班脱不开身，她不过是找个代驾，帮忙把她妈妈送到医院看病，她忙完后再把妈妈接回家而已。**自此，刘珂一年没回娘家。**

结果某一个工作日，刘珂再次接到三姨的电话，被告知她家房子已经装修好了，并且她妈妈已经同意将房子租出去。刘珂不信，当天在下班晚高峰赶回 30 公里外的姥姥家。一进门，刘珂就看见妈妈哭哭啼啼地说房子已经租出去了，她要回家。妈妈说她跪着求她的妈妈和妹妹，但是没人搭理她。

刘珂不能置之不理，又联系不上三姨，只能先赶回自己家，找租客了解情况。又是一出报警、谈判、辱骂、哭喊的戏码，三姨最终同意退租，租客将在下周搬家。刘珂查看这次的租房合同，发现打钱的账户是她三姨的，恶心的感觉遍布全身。她指着三姨说，如果再敢这么干,她就去告三姨侵占他人财产,让三姨进监狱。可能是当时刘珂疯魔的样子吓到了三姨,也可能是三姨在扭打中受了伤。至此,这场闹剧在刘珂拿回自家钥匙和煤、水、电卡后落下帷幕。

但是,刘珂心里还是难过。**她意识到,如果这事情没有姥姥在后面支持,她们谁又敢这么欺负孤儿寡母**。

刘珂用了很长时间去平复这次闹剧给她带来的心理创伤。她开始反思自己是否真的足够孝顺,是否对她姥姥足够好,为什么姥姥要用这种方式从自己的女儿身上敛财。她想不通从小陪自己玩的三姨怎么就变成现在这个样子,她想是否都是自己的错?

就这样,到了次年的中秋节,刘珂提着点心匣子、水果和牛奶跑到姥姥家,去看望妈妈和姥姥。结果一进门就碰到了二姨,二姨一顿冷嘲热讽,阴阳怪气,还动手打了刘珂一巴掌。刘珂想要打电话向蒋亮求助,三姨见状就要抢她的手机。刘珂反抗,二姨和三姨就把她压在沙发上,一人压着她身子,一人压着她的手臂把她的手机抢走,然后就把刘珂锁进大屋,说让她思过。

那个时候的刘珂应该是绝望的吧,她看到妈妈在哭,但拉不动妹妹们来帮自己的女儿。而她的姥姥,呵,老太太靠在门框边,就看着她的两个女儿欺负她的大外孙女,或者说,她的工具人?

因为长时间不回家,蒋亮带着公公婆婆上门要人。刘珂只觉得特别魔幻,娘家打自家女儿,结果婆家上门讨说法。事情总归要有结局,这场打闹以两家人都进了派出所而告终,刘珂报警指控二姨殴打她,二姨报警称刘珂的婆婆挠伤了她的脸,双方录了口供。民警听了事情的经过后,以严肃的态度对刘珂进行了批评教育,刘珂情绪激动,突然站了起来,直接朝着民警鞠了一躬,咬着后槽牙蹦出一句,"对不起"。

可能是太委屈了吧，刘珂发现这世界上已经没有所谓的家人了，即使是蒋亮救了自己，事后他依然在埋怨她为什么还要去那个家，这不是在犯贱吗？

刘珂不想犯贱，但是她就是忍不住想念她的姥姥。即使姥姥的偏心伤害了自己，但是谁让自己没法照顾妈妈呢？自己挣了钱也没有给过她们，不过就是逢年过节给她送一些礼物，少则几百元，多则上千元。然而，自从闹掰后，她每次去只带一两百元的水果和熟食。

刘珂从小就被教育要好好照顾妈妈，尊敬长辈，好好听话，好好学习。突然有一天，那些教育她的人纷纷背对着她，指责她，刘珂一边厌恶着自己，一边强迫自己不再去顺从那颗想要孝顺的心。

然而，就在五年前，刘珂陆陆续续接到了七八张法院的传票，上了三次法庭，都是三姨和姥姥以她妈妈的名义将她告上了法庭，要她放弃对她妈妈的监护权，并额外支付每月4000元的赡养费。

在法庭上，刘珂的心态从一开始听到三姨讲述她抱养的身世而感到羞耻，到听到对方撒谎而暴跳如雷，再到收到传票后有条不紊地整理证据，在法庭上笑着观看这群人表演。她从见面时仍心不甘情不愿地叫一声三姨，到庭上庭下直呼大名，甚至冠以肮脏的字眼。刘珂感觉自己内心的伤口在腐烂、愈合，留下了一道道难看的疤痕。

那个时候，刘珂也表示愿意照顾妈妈，但考虑到上班时间，询问妈妈是否愿意去养老院，也曾带着她妈妈去养老院参观，结果老太太大闹养老院，跑到马路中间以死相逼，就要和自己的母亲生活在一起。**刘珂绝望了，但是好像也没那么绝望，不过就是一次失败的尝试而已，习惯了，也就那样了。**

直到姥姥下葬的当天，刘珂想，如果妈妈还想和这帮姐妹生活在一起，毕竟她们是有血缘关系的，那她就把妈妈的退休金给她们，自己也可以每月补贴一两千元，逢年过节拜访一下这帮亲戚。

于是，刘珂忍着恶心，当着所有亲戚的面称呼两个姨，也真诚地感谢这两个姨在新冠疫情期间对她妈妈的照顾。因为姥姥去世也没留下遗言，刘珂就直言不讳地询问三姨打算之后怎么照顾妈妈。结果呢，换来三姨的要求：退休金要留下，然后实报实销妈妈的医药费、旅游费、生活费，以及每个月给她一两千元的服务费。刘珂觉得自己傻透了，这帮人怎么可能知道满足呢？自己都上了三回法院，怎么还把她们当作家人？

第二天，刘珂又来到姥姥家，趁着四下无人，问她妈妈是否愿意跟她去养老院。万万没想到的是，妈妈居然点头同意了。这一刻，刘珂觉得老天终于帮了自己一把，她立马驱车把老太太送到早前就看好的一家养老院，处理完入院事宜后，刘珂又回到姥姥家，告诉二姨和三姨她要接手照顾妈妈了，之后不用她们管了。

不出所料，这俩姨展开了猛烈的攻击，吵架、报警，发现警察无法帮她们找到妈妈后，就起诉刘珂，甚至去了蒋亮单位实名举报他家人拐卖老人。终于，这俩姨找到妈妈所在的养老院，她们一面在刘珂妈妈面前痛哭，诉说亲人分离的痛苦，以及姥姥死不瞑目的遗憾；一面又欺负养老院的工作人员，举报养老院。经过这么一闹，妈妈也时不时跟刘珂说要回家，说凭什么不让她回家。

刘珂哑然。回到文章开头的那个问题，刘珂该如何正常地面对自己 66 岁、智力却只如几岁孩童的妈妈？她想向妈妈撒娇，向妈妈哭诉自己的委屈，诉说她被坏人欺负的经历。但是没有用，坏人是和妈妈一起生活了近十年的妹妹们,而她不过是一个没有跟妈妈完整待过一天的养女。

刘珂可以在派出所梗着脖子说这就是她的亲妈,她照顾亲妈有什么错?她送妈妈去养老院有什么错?可到夜深人静的时候,刘珂又会暗暗发愁,临近春节,刘珂想带妈妈回家见见亲人,但是她害怕面对那些复杂的人际关系。

> 如果你让自己成为光,用爱去温暖你身边的每一个生命,你便会自带能量,而这种能量,也终将成为你人生中的光芒。

让自己成为光,温暖身边更多的星星

■ 那予希

高校项目实战派资深督导
青少年心智发展引导师
家庭幸福力咨询顾问

我是一位宝妈，也是一位老师。我左手带自己的娃，1个；右手带别人的娃，很多；我做宝妈，13年，做老师，9年。

我经历过全职宝妈回归社会找工作的处处碰壁，经历过生娃前后从服装设计师到缝纫车工的身份转变，经历过初回职场被无视的自卑与自我怀疑。

我很庆幸，现在，我是一位老师。

人生有一万种可能，你走过的路，每一步都算数。

自2015年进入教育行业以来，我直接或间接教过3000多名学生，学生是2—3岁的幼儿到18—19岁的青少年。

我非科班出身，从业9年，最骄傲的事情不是教会孩子们多少文化知识，而是在自己不断摸索和积累大量实践经验的基础上，直接或间接地对孩子们进行心理疏导或心理干预，并且帮助很多孩子找到人生的幸福与美好，甚至帮助很多家长发现家庭的温暖。

每当我看到身边的孩子们变得逐渐懂事、有礼貌、情绪稳定、善与他人沟通，并在成长中不断进步时，我发现这些变化带给我的幸福感是世间万物都无法替代的。

与学生、家长或朋友见面，我一直最喜欢别人称呼我"老师"。我认为这两个字，是对我个人，以及对我所从事的工作的最大肯定。

初入教育行业

说起进入教育行业的原因，有些惭愧，当时完全是被带娃逼的。因为家里老人身体不好，我家宝贝出生后，我选择了做全职妈妈。这个决定直接改变了我的人生方向。

在做全职宝妈的3年里，我遇到过太多糟心却又幸福感满满的事情。为了尽可能给宝贝一个良好的成长环境，除了接听电话外，我没有用过手机，电视也很少打开。每当遇到宝贝成长的棘手问题，比如穿衣、生病、辅食、哭闹、哄睡、说话、走路、洗澡、认物等，我都会第一时间请教身边的长辈，并查阅各种育儿书籍，直到找到解决问题的最优方法并实践。在宝贝2岁半的时候，我还成功将宝贝从"社恐娃"转变成小区"社牛娃"。

终于，当宝贝满3周岁后，我开始重新规划自己的人生方向。

经过再三考虑，我决定选择教育行业，成为一名教师。我的出发点很简单，因为这个职业周末双休，可以有更多的时间陪伴和照顾自己的宝贝。

我的第一份教师工作是在一家托管机构担任兼职老师。工作日每天下午3:30－7:00上班，接小学生放学，外加语数外全科辅导。尽管工作内容相对简单，流程我也应对自如，但面对稚嫩的孩子们，除了文化知识的讲解，在与孩子们的日常交流沟通中，我总显得僵硬、不专业，难以走进孩子们的内心。因此，我下定决心跨专业考取教师资格证，这成为我入行之后的第一个工作目标。

让自己变得专业

入行第三年，我进入了第二家教育公司。当时公司拥有300多名学生，学生的年龄段是3－12岁。在这家公司，我完成了教师职业生涯的转折与蜕变，找到了做老师的真正意义。

第一次转折：我通过不断自学教育学理论、教育知识与能力、教育心理学、课程与教学论、青少年心理学、学生管理、班级管理等专业知识，获得了北京市教委印发的教师资格证，**成为一位真正意义上**

的教师。

第二次转折：我用了 1 年时间，从一线老师晋升为校区副校长。

第三次转折：我用了 3 个月时间，从校区副校长晋升为董事长助理，协管 3 家校区的运营工作，并参与 2 个新项目的落地。

找到做教师的真正意义

在这场教育事业的蜕变过程中，因为一位少年，我找到了自己作为一位教师的真正意义。

2017 年暑假，我进入这家公司的第一份工作是担任暑期托管班的老师。当时整个班级的孩子并不多，10 人左右，小哲是其中之一。那时小哲 9 岁，正读小学三年级。小哲在课间与其他孩子一起玩耍时，看不出有任何异常。然而，只要有其他小朋友触碰小哲放在某处的玩具、他看的某一本童话书或他喜欢的某一类积木等，他都会有比较激烈的肢体动作和说满口脏话，甚至流露出近乎仇恨的眼神。

当我第一次看到这种"不属于孩子的"眼神时，我不禁感到一阵揪心：这个只有 9 岁的孩子，到底经历过什么？才让他对身边的小朋友如此不友好。

小哲的行为异常、眼神异常，我在进入这个班级的第一天，就对他产生了深刻的印象。9 月的新学期到来，小哲再次分到了我的班级。在每天的课程辅导过程中，我开始慢慢与小哲深入接触。小哲习惯性地不认真对待作业，字迹潦草，甚至没写完作业也会谎称写完了。我与家长单独沟通过 3 次，没有任何效果。因此，我与小哲进行了第一次长达 1 个多小时的深入沟通。当时小哲的反应很激烈，眼神也躲躲闪闪。在沟通的初始阶段，小哲并不敢正视我的眼睛。专业的

友者生存2：世界和我爱着你

敏感度告诉我：小哲眼神里的躲闪，一定是想遮掩或回避他内心的某些不想提及的事情。小哲与我互动的第一句话是："老师，你为什么要管我？你不要管我，我爸妈都不管我，你凭什么管我？"我当时很难想象，一个9岁的孩子，是如何每天带着这样的情绪、背着书包走进学校的。

那一次对话，我尽可能保持平静，让小哲尽可能多地表达自己的内心感受。原来，小哲小时候在奶奶家长大，很乖，直到3岁上幼儿园才被接到父母的身边。陌生的环境和小伙伴让幼小的小哲无所适从。小哲性格的转变，源于幼儿园的一次事件。有位小朋友丢了一个可爱的小玩偶，小朋友误认为是小哲拿走的，幼儿园的老师也未调查就下了定论。小哲很委屈，放学后哭着告诉了妈妈。可是，妈妈并没有安慰小哲，反而责怪小哲不懂事。

那件事情之后，小哲成了小朋友眼里的坏孩子，也成了爸妈眼里只会惹事儿的孩子。小哲抗争过，想回到奶奶身边。但是，幼小的孩子理解不了大人的世界。奶奶被接到他们家里住了几个月，便回了老家。从那以后，幼小的小哲身边再也没有人给予他想要的温暖，他的内心开始封闭："既然大家都认为我不好，认为我是坏孩子，那我就坏到底……"

在那一次的谈话过程中，小哲哭得很伤心。快结束的时候，小哲说："老师，自从奶奶回老家后，从来没有一个人能听我说这么多话，而且还不会批评我。我身边的人都觉得我是坏孩子、爱惹事儿的孩子……"

听完小哲说的话，我也哭了：这个孩子小小年纪，内心承受了不该承受的创伤，用自认为正确的方式与身边的每一个人艰难相处着。

谈话结束时，我帮小哲擦干眼泪，给了他一个大大的拥抱。这次深入的沟通，我知道我已经走进了小哲的内心，我是小哲身边值得信赖的大朋友，我也坚信我可以帮助小哲慢慢变回一个正常的孩子。之后，在小哲不知情的情况下，我单独与小哲的家长进行了一次长达1个多小时的沟通，结果算是不错，他们意识到在关注小哲成长方面做得不够，并承诺以后会慢慢调整。

作为老师，如果你真心对待身边的孩子们，他们一定是可以感受得到的。

在接下来的一个学年内，我与小哲前后进行过六次深入的心理引导沟通。前面三次引导沟通，小哲每一次都哭得很伤心。直到第四次沟通，我发现小哲有了变化，他开始与我有说有笑了。那一次，我在小哲的眼睛里看到了光，看到了属于9岁孩子应该有的"童年之光"，也是在那个瞬间，我的内心充满了幸福感，我才开始真正明白：选择成为一位教师，这才是我生命的真正价值和意义所在！

一年之后，我晋升校区管理岗，与班级的孩子们告别。小哲问我："老师，你能不能不走？"我很直接地回答："你是舍不得老师吗？"小哲语气坚定地说："是，我不想让老师离开！"我问："与老师相处一年，平时是不是觉得我对你们要求太严格了？"小哲说："没有。在认识老师以前，我每天背书包上学，看到路边的花草，它们是灰色的，它们没有鲜艳的颜色，每天我都很不开心，因为我是别人眼里的坏孩子。认识老师之后，开始我很抵触，可是，后来的某一天，在上学的路上，我突然就发现路边的小花小草变得五颜六色的……"

这个告别场景，即便过去了六年，依旧清晰。

我感谢自己当初为了有更多的时间陪伴孩子长大，而被迫选择成为一位教师。我感谢在入行的第三年遇到了小哲，感谢小哲，他让我找到了自己作为一位教师的真正意义，也让我真正开始懂得：**原来，**

友者生存 2：世界和我爱着你

一颗星星可以温暖另一颗星星，帮助另一颗星星看到自己身上的光芒。

温暖身边更多的星星

入行第五年，我进入职业教育合作办学赛道，从校区负责人做起，曾经直接管理500多名在校学生。现在，我负责的学生数量达到3000多人，学生年龄段在15－19岁之间。

由于职业原因，在我现在接触的学生群体中，大约有70%的学生在某种程度上被应试教育边缘化。这些孩子的背后，又有大约70%的孩子面临原生家庭的问题，他们可能成长在离异、重组家庭，被丢给老人抚养，甚至生活在更复杂的家庭环境里。在这部分孩子中，约有3%的孩子曾受到过严重的心理创伤。

在这3%的孩子中，有的孩子封闭自己近10年，平时几乎不与任何同学交流；有的孩子因为受到外界言语刺激，导致半个手掌严重脱皮3年；有的孩子长期受到家暴，多次产生轻生念头；有的孩子自卑到经常半夜出现在宿舍楼楼顶……这些孩子在成长过程中所承受的心灵创伤，甚至是身体上的痛苦，需要我们进行长期的内心关注、成长观察和心理引导。

现在，我每次出差到一个校区，除了正常的校区管理工作外，我都会预留出时间，与有心理引导需求的孩子进行深入的心理干预和疗愈沟通。

我曾经出差到M校区，与一位患有严重社恐、害怕处理同学关系的少年进行过两次总计六个多小时的心理疏导。第二次心理疏导结束后，少年给我的反馈是：老师，您比我之前见过的心理医生都专业。跟您沟通之后，我感觉我的内心照进了一束光，很舒服，很温暖。

只要能帮助孩子们打开心扉，哪怕心理疏导之后，只是帮孩子打开了一个小小的心结，我都会有满满的幸福感。

为了更好地帮助这些孩子们，最近几年，我一直在不断地学习和储备更专业的心理学知识，以提高和精进自己对青少年群体进行心理疏导的能力。同时，为了更直观地看到少年们的变化与成长，我在工作中还会不间断地指导各校区的教师团队，教他们如何更好地走进孩子们的内心，如何更好地与孩子们做朋友，以及如何更好地对"潜能学生"进行心理引导。

自从遇见小哲，我开始了个人的心理个案疏导和疗愈工作，至今已为100多名学生提供了一对一的心理辅导，指导校区老师为300多名学生提供了心理引导，间接影响了500多个家庭改善了家庭成员之间的关系。在这个过程中，所有学生都进行过长达半年以上的成长观察和心理关注，并且，每一位学生都在不同程度上发生了转变，他们逐渐开始热爱生活，态度变得积极向上，对更好的人生充满了向往。

德国哲学家雅斯贝尔斯曾说："教育是一棵树摇动另一棵树，一朵云推动另一朵云，一个灵魂唤醒另一个灵魂。"

在我眼里，每一个稚嫩的生命都有着无限的可能，即便是内心受过伤或生病的孩子，通过慢慢引导，人生也可以照样精彩。每一个生命健康成长的源头，一定是关爱和陪伴。

如果你让自己成为光，用爱去温暖你身边的每一个生命，你便会自带能量，而这种能量，也终将成为你人生中的光芒。

有了自己的信仰,就不容易被外界诱惑和干扰,有了自己的节奏,就不容易被带偏。

我唱我写的"七自歌"

■ 潘璆

可能女人研究所创始人
女性成长导师、家庭教育讲师
精力管理规划师

我时常说，人生就是一部舞台剧，**我们要自编、自导、自演、自嗨、自觉、自洽和自传，我将其简称为"七自歌"**。理解我自创的"七自歌"，也就大致读懂我想要的一生。

每个人都有自己的一套活法，只是大部分人喜欢放在心中或者脑海，而不习惯将它梳理出来。但实际上，谁的人生不是自己在书写？正如尼采所说：**"你要搞清楚自己人生的剧本，不是你父母的续集，不是你子女的前传，更不是你朋友的外篇。"** 换句话说，我们都是人生的主角，怎么过，我们自己说了算。

我自创的"七自歌"，它就像人生的指南针，给了我向前一步的勇气和方向。经过二十年的沉淀，我逐步形成了一个闭环，构建了一套相对完整的自我成长价值体系。

"七自歌"经历了五个阶段，每增加一个"自"系列，都是一次晋级，一次自我超越和进阶。

第一个阶段，自编、自导、自演让我成为幸运儿

这个想法最早在大二那年，即 1999 年提出，最初我只是习惯说**"人生就是一部舞台剧，要自编、自导、自演"**。当时的编剧水平一般，导演水平很菜，演技更是粗糙，但难能可贵的是，这是我世界观、人生观和价值观体系形成的开端。对我个人而言，这是非常具有价值和富有意义的。

正因为有"自编、自导、自演"的人生信条，我内心一直很富足。所遇之人和所遇之事，无论是好是坏，我都不会妄自评判，而是能保持一颗平常心，不悲不喜。为此，我播下了很多种子，结下了很

多善缘。

熟悉我的人或刚认识我的人，都会被我的乐观开朗所吸引，欣赏我的活力四射，激情满满，永远对生活充满热情。因为这一品质，我结交了很多朋友，遇到很多有趣的灵魂，丰富了我的阅历，开阔了我的视野，让我更笃定我信仰的理念。

现在回过头来总结和梳理，我才发现有一套自我价值体系是多么重要。它也给了我更多的主动权，让我过上了一种自我掌控的人生，这一点非常珍贵。即便当初不知道自己要什么，但一定知道自己不要什么。有了自己的信仰，就不容易被外界诱惑和干扰，有了自己的节奏，就不容易被带偏。

第二个阶段，自嗨让我走出迷雾

感谢生活让我成长，在经历生活的磨砺之后，我依然选择热爱生活，懂得自嘲、自谑、自嗨。

比如，结婚多年，老公一直忙碌。酷爱旅游的我，自己创造各种条件，独自一人去旅行，欣赏祖国的大好河山，领略世界的广阔和壮丽。

当我渴望拥有孩子，费尽千辛万苦就是盼不来的时候，我开始踏上一段艰辛的求子之路，辗转于北京、上海、广州等各大医院。这一路的辛酸和痛苦，个中滋味只有自己知道，但我依然坚强面对，每到一处都能变着法地自嗨，去发现生活美好的一面。

有了小孩后，老公依然忙碌，不等他，我带着孩子们自驾游4000多公里，横跨广东、江西、浙江和江苏四个省，带他们见识世界的广阔。这一路虽旅途疲惫，但好山好水好风光，让我抖落一地的烦恼，只剩下快乐。

我的公众号"潘可能"每天更新的"一日一禅"，从发布第一天到写这篇文章，已历时832天。粉丝虽已接近1500人，但每天平均阅读量也只有50余次，这依然阻挡不了我继续写下去的热情。要知道我的目标是写到第9999天，日子还长着呢，急啥？

直播间开通后，尽管没人进来观看，我仍然全情投入，口若悬河。自嗨让我走出迷雾，甚至让我获得了新生。尤其在做事的时候，没有一点自嗨精神，还真不行。在我看来，自嗨精神是一种很重要的品质，这是一种自我激励、乐观主义的精神。自嗨精神不是阿Q精神，阿Q精神是自我安慰、自轻自贱，面对问题时消极应对。自嗨精神则不回避问题，在正视问题的同时，依然能够微笑地、充满热情地去解决问题。

如果说，人生是一场马拉松，在漫长的人生路上，一定会有荆棘，也会有坎坷，会遇到很多的困难，没有人可以随随便便闯关成功，没有一点自娱自乐自嗨的精神，很难不畏艰险地走下去。虽然别人的鞭策一时有效，但自嗨精神是可持续的兴奋剂，助力自己过五关斩六将，积极乐观地继续前行，告诉自己不退缩、不放弃。毫无疑问，我是尝到自嗨甜头的人。

第三个阶段，自觉带来自由

我的生命因为迎接另外一个生命的到来而被赋予了更多的使命和意义。正所谓当生命影响生命的时候，人生进入一个新的篇章——自觉。

《瓦尔登湖》中有这样一句话："日出未必意味着光明，太阳也无非是一颗晨星而已，只有在我们醒着时，才是真正的破晓。成长不代表成熟，觉醒才带来蜕变。"

梁漱溟先生也说，自觉是人类最可贵的东西。一个人缺乏自觉的时候，便只像一件物品而不像人，或者说只像一个动物而不像人。

我深信自觉源于内心，是成长的原动力。

我时常在想，如何把孩子培养成一个优秀的人，对社会有用的人。自然想起当年父母在我心中树立的榜样形象，那些教我做人做事的谆谆教导至今还在滋养着我，如同穿透时空的隧道，像是一盏指明灯，无形地指引着我后来的人生路。它让我少走很多弯路，避开很多诱惑和雷区，一直走在踏实稳健的正道上。

感谢我的父母从小教导我追求真善美，他们以实际的行动让我每天活在至真、至善、至美当中。正是这些一点一滴，经过长年累月的积淀，让爱的能量在我们之间顺畅流动，为我构建了一个内心丰盛的幸福网。直到现在，无论我身处何方，我都能心安一处。

我希望将父母对我的这份爱和寄托传承给我的孩子们，让他们在耳濡目染的环境里，学会做一个有责任、有担当、有大爱的人。

第四个阶段，自洽才自在

自洽是一个比较流行的词汇，源于英语"self-consistent"，直译过来就是"自我融洽、自相一致"。我的理解是一个自洽的人，能够客观地认识自己、评价自己，坦然接纳自己，不盲从、不随大流，自信且坦诚。面对生活的进退，他们能保持平稳的心态，始终坚持自己的方向。

这份自洽在我做的一些事情上得到了体现。2017年，我和朋友发起了一个高知女性社群"媛媛圈",从 3 个人发展到 323 人,花了 6 年的时间。6 年,是一个并不漫长的时间,但足以让一颗种子生根发芽,长成一人多高到小树,禁受住风雨的吹打。6 年,是一个并不短暂的时间,连我当初提出"带着娃去奋斗"口号的那个小娃娃都已经长大,快读小学了。这将近 2100 多个日夜的坚持,我们先后组织了将近 200 多场女性成长的公益沙龙。这些经历足以让一时冲动的行为变成毕生的信仰和一生的执念。

当我对自己很满意的时候,却经常听到"一个不能变现的社群是伪社群"的质疑声。虽偶尔会有一些不被理解的沮丧,但更多的时候,我知道自己内心要什么,不要什么,不会轻易被别人扰乱自己的节奏。

总而言之,自洽,是我此时此刻内在的舒适感和松弛感,我自己很满意。

第五个阶段,用自传拿回生命的主动权

如果说每个人都可以出版自己的自传,可能会有人反驳:很多人既不是什么名人,又没有做过什么轰轰烈烈的事情,哪里有写自传的必要呢?

我想说,就算我并不是名人,就算我的一生并没有什么大起大落,就算我只有琐碎而平凡的日常,那又怎样?我的生活是独一无二的,我活着的每一天都是在续写我的自传。

我经常自嘲,我的自传不怕没人读,我把它当家书,像《曾国藩家书》那样,让我的孩子一代一代传承下去。虽然这只是一句玩笑话,却包含了几分真实性。因为上升到家书的高度,对我自然提出更

高的要求。既然无法延长生命的长度，但我可以通过写自传增加生命的厚度。

个人传记是留给子孙的精神遗产，是激励后人的无形动力。每个人都是一部传奇，值得被记录、被看见。此刻，在这世界上，依然有70亿部自传正在被撰写着，包括我的自传。我始终相信，人生虽有限，但我们的自传却有无限种写法。我会活出我独一无二的版本。

我特别喜欢尼采说的一句话："我们都是未完成的人。"这表明我们可以不被定义，拥有无限可能。

既然每个人只此一生，那我一定要唱我自己写的"七自歌"。为什么不呢？

我开始争取花更多的时间和家人交谈，珍惜在一起的时光。我深刻地感受到被父母、孩子，以及这个世界所爱。

一个女性游戏行业从业者的心声

■ 师维

《游戏 UI 设计：修炼之道》作者
中国科学院心理研究所 2018 级研修班学员
一堂 MBA，合伙人指数 1300＋，作业字数超过 20 万

友者生存 2：世界和我爱着你

大家好，我是师维，一个过了 35 岁的女性游戏行业从业者。今天，我想和大家分享我的心路历程，谈谈那些让我快乐、痛苦和成长的瞬间，希望能给你一些启发。

你的朋友给你贴什么标签？

朋友们总是说我是一个爱学习、认真、自律的人，但其实这只是一种印象。我也有不想学习、马虎和躺平的时刻，状态很大程度上取决于当时的心情和环境。**人都是差不多的，努力往往都是因为兴趣。**

你怎么介绍自己？

有朋友笑话我，说我是一个被游戏行业耽误的某某家。这个标签或许听上去有点滑稽，但它背后是我自己一直都没有放弃的兴趣点。我对绘画、阅读、写作和心理学都充满了兴趣，但在某个转折点，我选择踏入了游戏行业。我发现我这样杂学不精的人，找到了适合自己的工作领域。

若以知名企业家的标准来衡量成功，那么我只是一个再普通不过的人了。但作为一个个体，我深感满足，因为我能够幸运地选择自己的兴趣所在，成为一个独一无二的自己。

选择自己喜欢的专业

为什么我会选择这个专业？为了理解这个问题，我们需要回溯到我做出这个选择的时候。

从小热爱绘画的我，很早就被父母送去拜师学艺，我在高中时代就去了鲁迅美院和清华美院的画室深造。然而，面对高考美术培训的生产线，我突然就不想走纯艺术这条道路了。我开始对设计产生浓厚兴趣，服装、室内、动漫等领域都有所接触。通过深入了解，我发现它们都有各自的发展瓶颈。通过美院一位教授的指导，我浅浅地明白了这样一个道理：选择一个高度发展的行业，一个新型职业会得到不可思议的成长。如果我做传统行业的工作，我几乎能预见自己的人生剧本。而人生只有一次，我想通过自己的选择书写生命的篇章。

后来，我选择了视觉传达设计专业，这是当时比较新颖的专业理念。大学四年让我得到了全面的锻炼和启发，我努力寻找各种学习资源。我在课程前就去图书馆浏览专业知识，参加比赛和参观各种展览，也在提前准备毕业论文素材。我也尝试给社团绘制海报、写小说散文、为人画漫画肖像、开服装店、摄影跟拍、去设计公司实习，并在游戏论坛发帖。充实的大学生活让我忽略了他人的看法和感受，也让我在最后收获了宝贵的经验。

我记得在最后的毕业答辩上，院长对我的论文水平和毕业作品给予了高度评价，这成为我学习生涯的高光时刻。

选择自己喜欢的职业

为什么我会选择游戏行业？因为当我尝试过很多领域以后，我发现电子游戏行业在国内还处于发展初期。

毕业后，我顺利进入一家游戏公司担任美术设计师，在广泛地接触游戏开发的各个环节后，我发现自己更喜欢研究界面设计。就这样，我打算在这个领域深耕下去。但这并不意味着，一切都是轻松的。在游戏行业高速发展阶段，我经历了无数个夜晚的加班。开始我只是从事技术类细节工作，但逐渐发现作为一个优秀的设计师，单靠技能是远远不够的。我需要学习培养他人，以及推动团队合作。为了胜任当下的工作，我必须从一个技术人员转变为管理者的角色。这就需要在研究专业技能的基础上，还要抽时间去学习管理知识。

面对项目的压力和领导的要求，有时我会质疑自己的选择。白天，我不得不面对工作项目的压力，每一天都仿佛是一场艰苦的战斗。繁忙的工作让我几乎没有时间顾及自己的情绪和身心健康。项目会议、截止日期、责任的重担好像一直压在我的肩膀上，让我无法喘息。所剩无几的时间，我选择用来阅读和写作。这本是我热爱的事情，但在疲于奔命的状态下，连这份喜好也变成了一种责任。

在我身心承受巨大压力的艰难时刻，感谢我的家人和朋友海燕、徐峰，以及孙学瑛老师的支持，他们帮助我出版了人生第一本专业图书。

这些年来，我最大的成长是什么？

成长有很多维度，如个人的知识与技能提升、职位的提升和收入增长等。但最让我感到喜悦的，是我在心灵上的成长。就是以往担心害怕的事情，我现在能够相对平静地面对了。

忽视自己让我陷入了深渊

由于缺少健康的生活方式，如适当的运动和规律的作息，我的身体逐渐发出警告信号。最初是轻微的疲劳，伴随着肩颈的酸痛，到后来发展到头部的剧痛。然而，我却忽略了这些信号，而是一直想办法提高自己的忍耐力。我没有意识到，这种身体的不适其实是心灵深处一直被我忽略的痛苦在默默发声。我的免疫系统也开始崩溃，严重的过敏和湿疹爆发。这让我在夜间难以入眠，导致我白天更加疲惫。这种身体上的痛苦开始转化成对生活的无力感和对自我的怀疑。

我的身体变得越来越沉重，每一寸的肌肉都散发着一种深深的疼痛。这不再是单纯的疲劳，而是一种无法言喻的深沉痛苦。我记得当时对一句话特别有共鸣："你不知道某个人静静地站在那里，内心却经历着一场海啸。"在这段黑暗的时期，我感到彷徨、迷茫，仿佛失去了自己，但戴着面具假装一切都很好。我没有多余的能量去经营婚姻，但唯独希望能够保护好我的孩子。

我开始思考自己究竟做错了什么？过去我自以为只要努力学习知识就能解决问题，这样的错误认知让我感觉生活就像西西弗斯，每天周而复始地推动石球。当你了解得越多，也越发感觉自己的无知，感觉自己在别人看来就像是个笑话。

兼顾个人成长、工作和家庭

孩子是我生命中的一束光，让我从梦中醒来。孩子就是我的镜子，让我看到自己的全部问题。有一天，孩子的老师叫住我，建议我带孩子去进行心理咨询。后来我了解到，由于我不懂得关爱自己，也就自然忽略了孩子的情绪感受。孩子仿佛在向我传递一种信息——我需要更多的关注和陪伴。我意识到，如果我不能拥有更健康的心理状态，我将无法为孩子提供真正的关爱和支持。于是，我决定面对自己的内心困境，开始寻找自我疗愈的方法。

虽然在工作中表现得很职业化，但我内在却如此脆弱不堪。每当想起孩子还需要我的保护，这让我一次次勇敢起来。在繁忙的工作和生活中，孩子是我心中的坚持，是我突破内心困境的力量。在这个低谷中，我找到了自己的转折点。我主动去学习心理学课程，陪孩子去学习感统课程。我鼓励孩子迈出的每一步，即使只有一点点变化，我也为之开心不已。老师和我都反映孩子有了非常大的变化，朋友也反映我整个人变得柔和下来。

通过了解心理治疗的理念和佛学的知识，我找到了自己的疗愈之道。我开始争取花更多的时间和家人交谈，珍惜在一起的时光。我深刻地感受到被父母、孩子，以及这个世界所爱。

接受真实的自己

在不断观照自己内在脆弱的过程中，我坦然地接受了不完美的自己，变得真正坚强起来。我让自己投身喜爱的事业，我也非常乐意花时间呵护家人。与他们建立深厚的感情，也是我努力成长的动力。我明白了，我们成长的路途不会一帆风顺，但只要用宽容与慈悲之心，理解和接受自己生命的脉络，一切困难终会过去。在这个过程中，有时我会感到迷茫和困惑，有时我会遭遇到内心的阻力。但是，每当我想到孩子，想到他需要一个健康、快乐的家庭环境，我就会重新点燃心中的火焰。

每个 30 多岁的成年人，可能都经历过自己的至暗时刻。正是在这一段坎坷的道路上，我找到了自己内心深处的力量。这一切的努力，并非只为了自己，更是为了给孩子和家人带来更多的温暖和关爱。我也意识到自己在表达方面的不足，需要不断倾听自己的心声。

在疫情疗愈的过程中，我学到了爱的语言和表达方式，变得更加善于用言语和行动传达对家人的爱，使家庭关系更加紧密。

新冠疫情的来临，让整个社会都陷入了危机。对于 35 岁的我来说，这无疑又是人生中的谷底，但我也是非常幸运的，总是获得家人、朋友的支持和帮助。

如果有人刚入行，我有什么建议？

对于那些想要踏入和刚刚踏入这个行业的年轻人来说，无论你学的是什么专业，如文学、艺术、计算机、数学、心理学等，在游戏行业都能找到适合你的工作岗位。

以下是我的几点建议：

首先，要搞清楚自己真正想要的是什么？ 是一份工作，还是追逐心中的梦想？这个行业虽然充满了挑战，但也有无限的可能性。不要被别人的期待和目光所束缚，勇敢地追求内心真正渴望的东西。

其次，不要忽视自己的成长。 在日复一日的工作中，保持对知识的渴望，也要保持对自己内心的观照。只有真正了解自己，你才能找到属于自己的价值和位置。

最后，不要害怕失败。 每一次的失败都是一次学习的机会。坚持不懈地追求内心的热爱，你会发现，即使跌倒了，也能用更坚定的姿态站起来。

以上都是我的心声，也是我独特成长的轨迹。感谢你的倾听！愿更多年轻人能找到属于自己的人生剧本。

感谢海峰老师的耐心指导和帮助，给我与大家共同出一本合集的机会。海峰老师看到每个人的伤痕，却教会大家自愈和利他的能力，这是此次不可思议的收获。

> 如果你还没找到自己的热爱,
> 请一定不要停下寻找的脚步。

我宣誓:我自愿放弃稳定的人生

■ 十月长

DISC 社群联合创始人
金山办公最有价值专家(KVP)
"好讲师 PPT 设计营"系列版权课作者

2023年，是我裸辞的第五年。

从打工者到创业者，我后悔吗？

五年前，我就职于一家运动品牌的西安分公司，负责终端员工的零售培训工作。虽然我在职只有3年时间，但我每年晋升一次，荣获零售学院构建标杆奖、最佳运营团队奖、集团十大金牌讲师、年度卓越贡献奖等多项荣誉，成为公司最年轻的部门负责人。那时我以为找到了可以为之奋斗终生的事业，当我准备大干一场，想要通过撬动更多的资源取得更大成绩的时候，却发现公司的规划和我的期望不一致。

在一次次项目执行中，我渐渐发现，由于各种各样的原因，公司没办法给到我更多财力与人力的支持，我只能在资源、权限通通有限的范围内开展工作，渴望实现的项目变得遥不可及。无法看到自己所期待的项目落地成行，又无法违背内心将就本职，我突然看不到这份工作的价值了……

我始终认为，人这辈子很短，"认识自己"是一个很重要的课题，找到自己擅长和热爱的事业，然后全身心地投入，才算没有白活一场。经过一系列思想斗争，在同事们深感困惑的目光中，我选择了裸辞。原本我是想利用这段时间休息一下，再重新找工作，但恰逢朋友开的自习室人手不足，请我去帮忙，我就答应了。

那几年，自习室的生意正在风口上，随着考研、考公大军的逐年壮大，自习室几乎天天爆满，就在这样的浪潮下，朋友趁热打铁开了第二家店。

而这次，我是以合伙人的身份加入的。28岁的我，拿着所有的积蓄，从打工人，变成了一名创业者。

那是2019年的秋天，我还幻想着，努力用3年的时间，将自习室品牌开遍全西安，5年内拓展至全中国。我还不知道，确切地说，是我们都还不知道，突如其来的疫情意味着什么……

从创业者到分享者，我有方向吗？

哲学家海德格尔说："人不自由时，感到不满，自由时，感到惶恐。"

这样的惶恐从辞职创业第一天开始就一直围绕着我，只不过当时短暂地被自习室的收益所冲淡。疫情暴发后，从限制人数到直接关停，自习室的业绩直线下滑，每天一睁眼，我想到的只有高额的房租和无法缩减的人工成本，焦虑得不知道该怎么办。我急需一根救命稻草，被迫到线上找出路……

直到无意看到洋葱阅读法创始人彭小六老师公众号的一篇文章，他的好讲师读书会第五期正在招生，那句"锻炼讲师基本功，带你找方向建框架，输出个人分享内容，实现持续发展！"一下子戳中了我。我隐隐觉得，也许回归讲台会是破局的契机！

那时，我天天早起，于是我把讲课方向定为"早起"。小六老师从大量主题阅读开始教起，指导我们制作读书笔记PPT，加上自己的实践经验，就可以将它们变成一门可以对外分享的小课。我丝毫不敢怠慢，在2个多月的时间里，提交了8份，总计504页的PPT。

除此之外，我充分利用每一次正课和"加餐"，积极参加社群活动，抓住一切可以让自己快速成长的机会，同学们在群里提问，我总是第一个回答；老师需要助教协助，我抢着报名；开放试讲名额，我厚着脸皮争取，希望可以让我多上几次。就这样全情投入、边学边练，100天后，我完成了人生第一个付费共读营"睡个好觉"的交付：299页的课件，4.3万字的讲稿，19页的学员手册，以及第一批的41名学员。

从0到1，我正式上路了。我从一名创业者，正式转变为一个能把自己的经验转化为方法论，并将其体系化分享给别人的分享者。

可人生没有那么多的一帆风顺。在课程进行到第三期时，我遇到了"早睡早起"主题需求小、见效慢、招生困难的问题……

但与此同时，我也意外地听到另一种评价，这类声音不断被放大："你的课件太清晰、太漂亮了！""你的PPT是怎么做的？可不可以教教我？"甚至小六老师也注意到了这一点，请我去他的各个社群分享课件制作的技巧，还邀请我长期合作，担任他的课程助教，专门负责反馈大家课件当中的问题。其中，"只需4步，轻松做出高大上的课程吸睛海报"这门课，我分享了1个小时，因为被讲师们夸"太实用"，我还收到了超过1200元的红包打赏。很多人没听够，鼓励我出一门关于PPT设计的系统课程，甚至天天都在催问我什么时候开班。

我只能说"商业机会是试出来的"，换个方向，我再次上路了。经过前面几十次的分享和打磨，在讲师们的真实需求下，我仔细梳理了现有的知识框架，开发出了"好讲师PPT设计营"系列课程。第一期课程顺利交付后，我趁热打铁，持续开课。随着大量实战的积累和用心教学，学员的好评和成功案例也不断涌现。通过展示这些成绩以及老学员的口碑推荐，越来越多的人知道了我，设计营也顺利开班到了第10期，累计变现超过20万元。

2023年8月，这门系列课程还通过了中国版权保护中心的认证，成为国家版权课程。我拥有了一门真正的王牌课程，实现了全新的转折和突破。

从分享者到助推者，我幸福吗？

持续输出，做最懂讲师的设计师

在这个过程中，我没有停止过作品的输出。

我制作的读书笔记 PPT 作品，如彭小六老师的《洋葱阅读法》《好讲师养成 18 讲》，趁早创始人王潇潇洒姐的《写下来的愿望更容易实现》《总会过去　总会到来》，职场公众号"曹将"主理人曹将的《高效学习》等，都得到了作者本人的认可和转发，全网累计阅读量超过 100 万。

在参加微软的全国设计大赛拿到优秀奖后，我受邀成为微软官方资源中心的模板设计师，开设了自己的作品专栏。短短 2 个月内，上架的 5 份模板在平台人气值突破 12 万，位居该网站第三，拿到了官方颁发的全国首批仅 14 张的"金牌模板设计师"证书。

由于我是讲师出身，非常清楚讲师们课件的使用场景和页面类型，因此也得到了很多讲师们的信任，他们专门找我为自己的品牌课程定制课件，每次都能圆满交付，被大家评为"最懂讲师的设计师"。

保持学习，做大满贯的"3K"讲师

我也没有停止学习的步伐。

在授课过程中，我发现越来越多的学员使用金山办公出品的国产 WPS 办公软件，为了更好地为学员答疑，我系统学习了 WPS 的操作，成功获得金山办公技能认证专家证书（KOS），其中演示（PPT）科目更是满分通过。之后，我前往金山珠海总部，通过系统的培训和考核,成为金山办公成立33年来首批对外认证培训师(KCT),全国目前仅有24位。

随着近两年线下培训逐渐恢复,我还通过了金山知识服务商考核,认证为中级合作讲师。借此机会,我受邀走进一些企业和高校授课,打通了线下培训的渠道。2023年7月,鉴于在WPS培训领域的成绩,我荣获金山办公最有价值专家(KVP)认证,成为金山办公大满贯的"3K"讲师。

就这样,我不断获得行业公认的有影响力的资质证书,向更多人和渠道证明了自己的专业实力,赢得了更多的合作平台和机遇。

跨界合作,做讲师身后的助推者

2023年初,叁叁营养咨询工作室的高杉老师找到我,希望我成为她私教社群的PPT教练,为她的学员开发一门专为营养师量身打造的PPT设计课程。我们成功合作了两期课程,运用PPT带营养师们玩出了新花样,反响很好。

通过PPT,我们不仅能制作出逻辑清晰、吸睛又吸金的优质课件,还可以制作知识卡片,发到小红书、小绿书上做知识科普,为自己引流;我们还可以设计个人形象名片,在社交场合快速引人注目,留下深刻记忆,激发期待;甚至可以制作贯穿整个训练营的运营海报,比如引流招生海报、课程详情页海报、录取通知书、学习积分榜、成果展示等物料……

一图胜千言。我们都是视觉动物,都喜欢更美观的内容。通过这样一份份有颜有料的PPT作品,不仅会让讲师的表达更清晰高效,让潜在学员更信任你的专业,也可以提高我们在甲方那里的报价,为自己创造更高的收益和获得更多的机会。

从一本书，到一份读书笔记PPT，再到一次次小课分享，一期期系列课程，我不仅做到了，而且还会持续做下去！

我也终于找到了自己新的使命，那就是助力更多的个人IP讲师打造视觉形象，优化知识的可视化呈现，让PPT设计力成为每位讲师的硬实力，让他们的思考被看见、被认同，每个人都可以在自己的领域大放异彩，成为有颜有料的好讲师！

五年前辞职时，老板说："你一定会后悔的。"这句话曾经是我的心魔。可现在，我找到了自己的热爱，成长为一名PPT培训师和设计师，不仅靠这份热爱养活了自己，实现了人生的破局，还成功将热爱变成了事业。有句话说，当你为热爱的事情忙碌时，这一生就没有一天在工作。我真是一个幸福的人。

如果你还没找到自己的热爱，请一定不要停下寻找的脚步。

每一个人都要拿回自己人生的主动权，创造独一无二的艺术品人生，不再随波逐流，过着被摆放在工厂流水线上的雷同人生，一种批量复制的乏味人生。

学会管理人生，从容漫步人生

■ 石建业

20年人生管理领域研究实践者

中国首个人生管理品牌"漫步人生"创始人

全方位人生管理体系创立者

公众号"人生管理"主理人

"学渣"奇迹

1977年出生的我,在离异家庭长大,从小就是一个典型的"学渣",认识我的亲友对我的印象出奇的一致:根本不是学习的料!我的确对学习深恶痛绝,成绩垫底,常年被叫家长更是让我都麻木了。

就这样一个"学渣",日后居然奇迹般地在人生管理领域中深耕了近20年,成了一名人生管理领域的专家和深度实践者。那么,究竟发生了什么让我发生了如此翻天覆地的变化?结果又如何呢?

先讲结果吧!在过去7年里,我以一个互联网小白的背景,有幸从0粉丝开始,通过互联网,直接或间接帮助10000多个对人生状态不满却无力改变的人,实现了人生状态的改变,拥有了令自己更加满意的人生。通过对人生进行全方位的管理,我帮助他们告别了随波逐流的人生,走上了从容的人生之路。到目前为止,我开设的人生管理私教班收费是12980元/人,年年100个名额供不应求,深受学员好评。

若你对我众多学员人生蜕变的故事感兴趣的话,可以关注我的视频号"漫步人生-人生管理"。你一定会从他们的故事中发现人生管理的神奇力量,要知道,每一个人生中的改变都像一颗美丽的珍珠,弥足珍贵,正是这些珍珠使许多人的人生变得无比光彩夺目。

那么,又究竟发生了什么,使我从一个典型的学渣走到了今天呢?

绝处逢生

话说30年前,也就是1994年,我考入一所音乐院校五年制专科。那时的我依然和从小到大给人的印象一样，天资普通，平凡无奇，特别讨厌学习。

到了1997年大三时，我经历了人生的重大转折。由于在校表现不佳，我接连三次被处分，甚至被留校察看，就在那时，麻木的内心因害怕，似乎有了一丝反应，居然开始主动思考人生。

正是那一次里程碑式的思考，改变了我的人生轨迹，我决定不再继续糟蹋自己的余生，甚至许下了一个连自己都不好意思公开的愿望：**从今往后，我想为了帮助更多人而学习**。这个愿望在当时真是不可思议，甚至莫名其妙，因它是出自一个无用之人的口！

无论如何，我开始尝试着努力学习，但正打算好好学习的那一刻，我才深深意识到，在学习方面，我是多么无知无能啊！我意识到，当下首要的任务是以学渣为起点，探索如何有效学习的方法。于是，我悄悄地大量阅读，报课程，边研究，边请教他人。

你猜结果怎样？

三年后，我居然从留校察看的学生，华丽变身成了留校任教的教育者，并且后来还开了两所艺术培训班，和朋友成功创业了。

显然，我的努力有了成果，然而，不变的，依然是那始终不满意，却无力改变，只能随波逐流的人生，对人生充满迷茫，对未来心存担忧。

这样的状况持续到我工作的第三年，这期间，我并没有停止研究如何学习，甚至还总结了6年探索实践的经验，自创了一套有效学习的方法。

2002年10月，我带着独创的学习方法走出国门，考入国外音乐学院，开启了留学生涯。我想出去见见世面，寻找人生更多的可能性，我不满意于我的人生依然这样随波逐流，我一定要搞清楚，一个人究竟要如何才能管理好自己的人生？

上下求索

带着这个问题，我在留学期间深入研究了音乐中的人生哲学，获得了音乐评论硕士学位。之后，我参加了一门为期两年的人生探索课程，导师和助教们努力帮我拆解并重构人生。我发现管理人生是有其原则和技巧的！毕业后，我担任了一年助教，然后从事半年大学生人生辅导咨询。

2009年底，突然收到父亲重病的消息，我便毅然放下工作回国，一面坦然接受人生中突如其来的变化，一面细心照顾久别重逢、生活无法自理的父亲。与此同时，也给了我足够的时间思考，在这个人生的转折点上，我意识到我可以顺势做一些有意义的事情。

早在留学期间，我就期待有一天，能为习惯性忽视人生品质的同胞们做点贡献。现在既然回国了，是时候考虑这事了，我决定将多年研究成果整理出来，创立一套完整的人生管理体系，帮助国人开启主动管理人生的旅程，提高人生品质，追求更满意的人生。

经过多方探索和尝试，我在2016年9月创立了中国首个人生管理品牌"漫步人生"，我们打造了国内唯一专注于"如何管理人生"的互联网生态社群，大家结伴探索如何过上精彩的人生，如何拥有一个令自己满意的人生。

到如今已经是第七个年头了，成千上万的人在此受益。每天我都会收到许多学员的感恩和反馈，他们有人从过去跟风的盲目学习转变为现在有计划的终身成长；有人从不知道时间都去哪了转变为现在的时间主人；有人从家庭濒临破裂转变为现在的夫妻恩爱和睦；有人从浑浑噩噩地度日转变为现在的运筹帷幄，决胜千里……看到大家都从被动接受人生渐渐转变了主动掌握人生，我的心里是何其欣慰啊！

漫步人生

回首过往经历，我更是感慨万分。从曾经对随波逐流的人生极度不满，到如今过着令自己满意、充满掌控感和幸福感的生活。

- **每天过着自创的"四段五阅式"从容人生**：晨间学习（阅书），上午工作（阅事），下午社交与探索（阅人阅世界），晚上放松（阅内心）。

- **除了特殊情况，我通常每天只在书桌前工作 2~3 个小时，做着自己喜欢且充满热情的事情**，而这些却成了我的事业，给我带来了不菲的收入；我边喝下午茶，边帮助许多人改变人生，享受着这个世界因我而变得更加美好的喜悦。近七年来，我影响了至少上万人的人生，促使他们发生了或大或小的改变。

- **我至今整整 10 年没有吃过药，** 包括疫情期间，所有的病都是身体自愈，今年 48 岁的我，却拥有 20 多岁的生理机能和 30 多岁的形象。

- **曾经用自创的"匠人学习法"，顺利地从一位国外获奖的音乐人跨界转行成为一位高价值的人生管理导师。**

- **我每天只需学习最少 30 分钟，最多 1.5 小时，却能够获得普通人一周甚至一个月的成长。**

- **面对人生意外，我可以顺势而为，从容应对**。在任何遭遇中，内心不产生负面的反应，都可以从中成长受益。

- **虽然太太是俄罗斯人，存在许多差异，但夫妻依然和睦，极其**

恩爱。孩子也自律，不必我们操心，每天有时间和家人过惬意的慢生活，享受天伦之乐，其乐融融，无比幸福。

• **我随时都可以拥有说走就走的旅行，却从来不耽误工作**。全家每2年都可以在国外度假3个月。

• **总是享受着来自许多朋友的爱与关怀，我们同频互赖，相扶相爱，共同生活，一起成长，一起做许多有意义的事情。**

我通过系统的人生管理，过着我自己主动选择的人生，这就是我如今的现实生活。

物竞天择

也许你会感到困惑，想要管理人生谈何容易？的确！否则我也不需要花20年研究这件事了。但请相信我，人生确实是可以管理的。

正因为大多数人都认定人生无法管理，因此，当下人们的现状是持续在人生中扮演抢修员、救火员的角色，这种片面的人生观使他们缺乏全局观念，就像身处一座复杂的原始森林，不尽力弄清地图，而只是看起来很努力地寻找方向，事实上他们注定在迷路中徘徊。

无论你为自己的现状找多少个冠冕堂皇的理由，比如有车有房、事业有成、家庭美满等，然而你内心却无法否认，你对自己人生的感受并不满意，看似获得了一些美好的碎片，但整体而言，无法令自己满意，这就是当下许多人的现状。

因此，大多数人深陷于一个顽固的人生盲区：认为人生无法管理！殊不知物竞天择，人生不管理就必遭熵增，人生自然就变得无法令人满意。

人生中确实有那么一小部分是无法管理的，但是真的很小。积极心理学家塞利格曼的研究结果是 8%～15%，我把它放大点，就按 20% 计算，也就是说，人生依然有 80% 是可以主动管理的。

关键是，我们生活在一个不得不管理人生的时代！

试问，当今的生活水平与 10 年前、20 年前相比，翻了多少倍？可国人的生活满意度、幸福感呢？几乎没有提升！反而发展到如今，中小学生都进入了抑郁群体。根据 2022—2023 年国民抑郁症蓝皮书显示，50% 的抑郁患者是学生，细思极恐。人生管理在当下是一门被严重忽视的人生必修课。但因这方面的资源稀缺、认知贫乏，导致人们甘愿一辈子充当人生抢修员，可这绝不是本该有的人生！

人生可以管理，也必须主动管理。因为人生并非一场赌博，而是一场生命的投资，你若不主动管理人生，就注定被动陷入人生赌局，内心难免焦虑。

每一个人都要拿回自己人生的主动权，创造独一无二的艺术品人生，不再随波逐流，过着被摆放在工厂流水线上的雷同人生，一种批量复制的乏味人生。

通过对"如何过好人生"的不懈探索，我运用 20 年的"人生功力"，最终创立了一套"全方位人生管理体系"，同时研发了一本人生管理的工具手册《人生之书》。通过这套工具的使用，让大家了解我所创立的人生管理体系中的"道、观、学、法"，即人生的全局，找到自己内心的渴望，主动设计并管理属于自己的人生！

使用这本手册，意味着你极有可能从我这里取走 20 年的"人生功力"，为自己节约 20 年的时间，更快地进入令自己满意的人生状态！

友者生存

从一个留校察看的"学渣",我通过探索如何管理好人生,转变成今天我有能力用自己创立的人生管理体系,帮助千千万万和我曾经一样,对人生不满却无力改变的人。我实现了20年前那个看似不可能的愿望:为了帮助更多人而学习!

朋友,此刻我想对你说,一个"学渣"能做到,你们更能!无论你当下的状态如何,你都可以勇敢选择自己的人生,只要你迈出第一步!物竞天择,友者生存,真诚欢迎你扫码联系我,加入漫步生态社群。在这里,我们每天都会分享各种实用的人生管理技巧和方法,帮助你更好地管理自己的人生。同时,我们还提供各种学习资源和实践机会,让你在实践中不断提升自己的人生管理能力。

就让我们与众友一起探索如何管理好人生,拿回人生的主动权,勇敢选择自己真正渴望的人生,追求令自己更满意的人生吧!

> 生活总会迎来美好，新的故事值得期待。如同四季更迭，美好的事物在路上，追光的人终会光芒万丈，闪闪发光。

职高少女逆袭入职世界五百强企业

■ 史佳聆

潜能激发教练
正向成长、幸福力引导师
自我管理规划师

故事背景

那一年,这个女孩16岁,因家庭变故,没有考上重点高中。为了女孩毕业后能有出路,家人商量后,填报了中考志愿——S职业高中,美容美发专业。

女孩的性格非常内向,不善言辞,腼腆害羞,与人讲话时,脸总是红通通的,特别是与男生沟通,更是不敢正视对方。而此时,女孩回想起那个曾经胆怯的自己,不敢相信自己经历了怎样的蜕变,才变得敢于和陌生人沟通,可以在众人面前侃侃而谈,承担着企业员工培训的工作。

成长过程

为了减轻家庭负担,女孩学会了骑自行车去早晚市买菜,因为那个时间段的蔬菜便宜、新鲜。女孩天生胆子小,每次去菜市场买东西都是鼓足了极大的勇气。不会讲价,就学着货比三家;不会挑选菜品,就向家人请教经验,再观察别人怎么挑选,偷听卖菜的对当天菜品的评价,一点点累积社会经验,体验着生活的真实状态——烟火气息。

家里没有了顶梁柱,好像天塌了一样,但女孩必须学会坚强,勇敢面对生活。

高一暑期,女孩和初中好友L出去玩。(初三时,她们分到了一个班级。如果说前十名里有两个女生,那么一定是女孩和她的朋友L。女孩的朋友L考上了市重点高中。)两个人一起回L家,L先进的门，女孩漫不经心地爬楼梯跟在后面，刚到门口，就听到 L 的父母询问 L 干什么去了，和谁一起出去。当 L 告诉父母是和女孩一起出去时，L 父母的回答让女孩铭记在心：你怎么和她在一起，她没考上重点高中，学习上也帮不到你，别影响你的学习成绩，以后还是别和她来往了。

眼睛里被泪水浸满，女孩门都没进，转身离开了。从此，两人一别两宽，没再联系。

这件事，对女孩更是当头一击，让女孩的内心受到了极大的侮辱。她问自己，为什么命运如此不公，自己又该怎么办？

我要考大学，和你们一样，我一定能的！

女孩在内心深处呐喊、挣扎、痛苦。（初中时，女孩和 L 的成绩排名不相上下，两个人在学习上互相鼓励、交流。后来，女孩因为发挥失利，没能齐头并进，两个人的友谊小船也就此沉没。）

正经历生活考验的女生、被曾经的学习伙伴嫌弃的女孩、一个在职业高中就读的学生，她该如何改变当下"被"安排的生活呢？迷茫、无助、没有目标，不知如何是好的她，每天都经历着灵魂拷问：这难道就是你今后的人生吗？你真的就这样过完自己的一生吗？未来是什么样子，你要怎么做，要如何挣脱内心的枷锁，改变眼前的窘境？

高三上学期，教学改革——职业高中学生可以考大学了。（对于女孩来说，如同中了福利彩票。）那时，女孩学的是美容美发专业，她既不擅长沟通，所学技能也勉勉强强，每次都是为了考试而完成，没有前景可言，同时，可选的大学里，也没有这个专业。

转专业是女孩最好且必要的选择。但是无论转哪个可以考大学的专业，女孩都需要重新学会一项"必杀技"——中文录入。女孩作为

"半路出家"的初学者，从零开始学习。暑期报班学习，从最基础的"五笔字根"、熟悉电脑键盘开始（学习五笔打字的人或许都会经历那段既枯燥又充满乐趣的时光）。其他同学都是一分钟几十、几百的录入速度，女孩从背字根、找分区、拆解字形开始，每次敲键都是一次缓慢的尝试，她的速度不能用分钟来计时。最终，在升学考试中，女孩达到了每分钟80字的录入速度。

那一年，女孩考上了M大学，入学考试成绩班级排名第二。女孩用行动证明了自己是可以的。

不完整的教育经历，一直是女孩心里过不去的一道坎。

大学期间，女孩参加了自学考试，报考了H大学的X专业，再次挑战自己的自信、自律与耐力。

其实，坚持一段时间不难，持之以恒地坚持却不容易。

人，都是有惰性的。

20岁的女孩对这个世界怀揣好奇心，对身边的事物充满好玩的态度，在没有经过系统的教学磨炼的情况下，她独自一人摸索玩味着，寻觅方向，寻求注解。

H大学毕业证书的敲门砖——英语，女孩迟迟没有拿到。她也报过培训班、考过英语四级（差2分），但均未果，毕业证书就此停滞。求学路上崎岖不平，女孩曾一度怀疑自己的智商和能力。

路遇磐石，要学会绕道而行——这，需要足够的勇气。工作几年后，女孩再次报考了N大学的F专业，开启新的求学之旅。这次，女孩受到老天眷顾，全科通过，顺利获得N大学的毕业证书和学位证书，同时，她也拿到了H大学的毕业证书，获取双学历。

时间转眼到了2013年，女孩内在倔强的那个小孩对曾经不完整的求学路还有些许不甘，于是决定试考研究生，以弥补多年来的遗憾

——没有体验过系统的、全日制的大学教育。

多年没有拿过书本的人,忽然要考研究生,这或许就是笑话,或者是吹牛皮。好吧,既然要走不寻常的路,就一条道走到黑吧。说干就干,不管结果如何。那年夏天,女孩报了考研辅导班,走上了考研学习之路。工作日连续上五天班,双休日连上两天课,每天还要刷题听网课,女孩生活得甚是充实。那段时间,女孩拒绝了所有的聚会,独自一人享受着求学的痛和快乐。

岁月如梭,冬去春来,时间就这样无声地划过。

2014年5月,女孩收到了H大学的工商管理专业的录取通知书。那一年,她结识了一群志趣相投、志同道合、工作在各个领域的精英同学们。她们彼此赋能,一起学习、歌唱、成长,一起参加各科课程考试,一起完成开题论文答辩。快乐时光总是转瞬即逝,2024年5月,正是她们相识10周年纪念,届时不见不散。

成长心路

一个从职业高中走出来的女孩,对教育学历有着一份执着。为了弥补或探寻那份遗憾,她一直在向上求索,向自我发起挑战。在不断努力向上攀爬的过程中,她找到了属于自己的那份自信、自尊与自爱。她不再胆怯、害羞,曾经内心的那份羞辱也在追光的路上被暖阳柔化。

此时,女孩正坐在电脑前,回顾一路看到的暖阳,思考着如何传递给他人。她希望用她所经历的故事给予那些与她有同样处境的人一些光亮,让那些在黑夜里前行的人可以被光亮指引,追光而行。

曾经,女孩这样告诉自己:若要被人看到,就要比别人站得更高一些；若要被光芒照耀，就要让自己变得更加璀璨夺目。如同自然植物中的向日葵，向阳而行，直至成熟，遍撒大地，播种万千。

写到这里，女孩已经在世界五百强 Z 企业工作满 20 年。岁月如梭，这 20 年，她从一名大堂迎宾员、前台员工，一路晋升为一名二线管理者，用时间轨迹见证着奇迹少女的成长之路，用看得见的坚持做着平凡且普通的日常。

2017 年，组织管辖员工集中培训班，女孩看到员工们对专业知识的渴求和对工作岗位综合素质能力的各项需求，她作出了一个重大决定。她决定充实自己，向内探索，拓宽视野，延展知识广度，通过读书、游学等方式，提升自己的综合素质，以便更好地为管辖员工服务，帮助她们解决工作和生活方面的难题，包括业务知识、心理疏导、情绪管理、健康管理、沟通交流等。

在 2018 年至 2020 年的三年时间里，女孩阅读了近 600 本书籍，抄书百余本，写了近千篇心路日记；为了锻炼语言表达能力，不让自己在台前讲话紧张，女孩每天进行播音朗读练习，在 X 平台上录播语音近 3000 条；为增强心理承受能力，忽略他人的负面评价，女孩开始在朋友圈正向打卡，坚持了 2000 余天。2019 年，女孩利用周末双休时间游学了近 20 个城市。女孩在用时间汲取营养，用脚步丈量知识的边界。她以实际行动践行着自己立下的誓言，用最普通的坚持延展着内心那份执着、那份光亮，也正是这束光，默默地影响着她身边的人，使其发生着质的变化。

5 年来，女孩践行着用组织培训传递正向能量的使命，通过一对一沟通疏导员工情绪。当她看到一名员工独自坐在工位黯然哭泣时，女孩一个电话送去关心和关爱，为员工提供真诚的支持。面对现代社会人们工作生活压力大、抑郁或焦虑症倾向居多的现象，女孩专门安排情绪管理和疏导课程，用数据支撑，介绍问题呈现原因和解决方法，从亲身经历和践行结果，引导员工们关注自己和家人的情绪和身体健康。课程结束后，反响热烈，同事 N 特意私信女孩，表示受益匪浅。课程结束不久，N 的家人确诊得了抑郁症，这使 N 深感警醒。

记得，某一个瞬间，女孩对当年那份羞辱释然了。虽然没能考上重点中学，但她换了一种求学路径，坚定地追求梦想，并最终实现目标。

那年，距离考学仅有 15 天，亲人离开时的遗愿是希望女孩可以考上大学。女孩凭借持之以恒的耐力完成了。

都说，人在低谷即会反弹，绝处逢生。

一个普通女孩用平凡的坚持做着看似平淡却最为真挚的事情，以一束光给予需要照亮的那个我或我们，女孩也希望和更多束光群一起，为他人照明，或者去点亮更多的人。

读到这里，对面的你如果是自燃型的光，女孩欢迎你的加入；如果你是可燃型的，女孩期待你被点亮后的加入；如果你是不燃型的，女孩希望你充满可燃物后的加入。让我们一起携手，点亮这个世界。

生活总会迎来美好，新的故事值得期待。如同四季更迭，美好的事物在路上，追光的人终会光芒万丈，闪闪发光。

> 如果想要让自己实现蜕变和成长，一定要及早觉醒，从心态、格局、思维上进行改变。

奔四的觉醒——向美而生，向光而行

■ 水晶

微创业教练
人生蓝图规划师
好声音导师
高级工程师

奔四的觉醒——向美而生，向光而行

我提笔写下"向美而生、向光而行"这八个字的时候，内心竟然如此的温柔且坚定，那种寻找到更美好生活的自我是充满喜悦和平和的，这八个字也是给予我前行实现梦想的动力源泉。我出生于农村，一个土生土长的女孩子，我懂得玩泥巴的乐趣，也体会过捉蜻蜓的快乐，更知晓"稻花香里说丰年，听取蛙声一片"的欢快。我特别感恩父母给了我一个特别幸福美好的童年，在爱的滋养中长大。**幸福的童年真的可以治愈一生，每当我遇到挫折和困难，童年里的美好记忆都会给予我冲破艰难险阻的勇气。**

现在身处写字楼里的我，貌似社会定义的"都市白领"，穿着高跟鞋，化着精致的妆容，高效地处理公司各种烦琐事务。然而，时代的列车在抛弃你的时候，连一声再见都不会说。我在某上市房地产公司工作，最近两年的楼市低潮，已经让很多人陷入困境，而我，也处在被优化的边缘。年近四十，我突然感受到前所未有的压力，我开始思考人生的意义。按部就班了三十多年，周围的一切都显得理所当然和顺理成章。**但这次，我想换一身行囊，去追寻自己的梦想。**

一个人内心强大了，性格就会变得温柔。我对此有着深刻的体会，我感觉自己就是外柔内刚，这种性格特质更多的是遗传了母亲的基因。我的母亲是一位勤劳善良的农民，也是一名裁缝，记忆中的母亲总是半夜蹬缝纫机工作，母亲用勤奋告诉我，人只有靠自己的双手辛勤劳动才能过上自己想要的美好生活。如今，岁月也在她的身上留下了辛劳的痕迹，背也弯了，眼也花了，两鬓也出现了白发（想到这里，我就会定个闹钟，晚上和母亲视频通话，你也可以试试哦！）。母亲用行动传递了勤奋、坚强和坚韧的品质，让我在成长中把这种韧性继承下来并极致发挥。虽然家境不富裕，但是父母还是尽最大努力省吃俭用，给了我一个相对欢乐和幸福的生活。我在初中由于沉迷于绘画，各科成绩不理想，中考落榜后，我曾经很懊悔自己的行为。母亲告诉我，作为农村的孩子，想要有出路，唯有好好读书，有文化有知识才能改变命运，要吃学习的苦，而不是生活的苦。我知道母亲很遗憾自己不能完成学业，在母亲那个年代，女孩子没有读书改变命运的机会，母亲曾经成绩很好，但在小学毕业时，就被迫回家干农活挣工分养家。母亲是多么的渴望自己的孩子们能够争气，改变这种低效的劳动，去做更有意义的事情。经过母亲的劝诫，我觉得我应该更加努力。为了我的未来更加美好和有意义，也为了有能力给辛劳的父母更加舒适的晚年生活，我踏上了复读的道路，经过一年的刻苦学习，我以全乡第三的成绩考入县城最好的高中成武一中，我始终相信自己的勤奋和努力总有一天会在梦想中绽放光芒。虽然我不是天资聪慧的孩子，但是靠着这股子韧劲和勤奋，我高考还是考上了山东建筑大学，走进梦想中的伊甸园。虽然我大二到大四的学习是通过助学贷款完成的，我依然非常非常感恩父母能够供养我读书，让我认知更广阔的世界，同时，我庆幸自己生活在和平的年代。

人生的轨迹总是在起伏中才会显得更加生动。大学生活的开启让我意识到美好人生有那么多可以去尝试和体验，我的精力开始不够用，我拿过奖学金，也挂过科；我做过勤工俭学挣生活费，加入学院学生会和各种社团，参加过学校的社会实践等，那种青春洋溢的日子呈现出来的光彩分外耀眼。然而，我在考研落榜后还没有来得及反应，就加入找工作的大军，在一次次投递简历杳无音讯后，我真的感到特别失落和茫然，感到人生找不到方向。毕业后，我完全按照所有人认为应该的人生轨迹，工作、结婚、生娃。这种不是很好但是也还过得去的日子，让我的思维逐渐固化。二十几到三十多岁的这段人生黄金时间，我一直处于未觉醒状态，直到自己的行业和工作出现了危机。

稻盛和夫说，人生就是一个不断觉醒和重塑的过程。个人觉醒的程度不同，他所达到的境界就不同，最后每个人的人生走向也会大不相同。如果想要让自己实现蜕变和成长，一定要及早觉醒，从心态、格局、思维上进行改变。种一棵树，最好的时间是十年前，其次就是现在。**与其后悔懊恼过去，不如从现在开始改变和行动**。我的改变和觉醒是从思维的改变开始的，思维的改变那就从学习哲学开始。自2022年开始，我深入学习国学智慧，从中华文明的源头《易经》、老子的《道德经》，到孔子的《论语》、孙武的《孙子兵法》，这真是一次神奇的旅程。我是一名理科生，现在通过学习哲学类课程，弥补了文科的缺憾，自己的思维也在学习中经过一遍遍的洗涤获得提升，心灵变得更加通透、澄澈与纯粹。当我开解自己时，会说："大方无隅，大器晚成。"当我面对一位难以沟通的人，心中会想："上善若水，水善利万物而不争。"当我取得一点点成绩时，我会告诉自己学习"谦卦"的全吉智慧，君子之谦是君子之强的前提，君子之强是君子之谦的底气。通过学习国学经典，我觉得人生突然有了厚度，《易经》《道德经》等从前可能不会触碰的书，现在不仅在眼前，更浸润心灵。书中的许多句子都有触动心灵的力量，大道至简，历久弥新的朴素价值观，为我们的人生注入最大的力量，突破纷繁复杂的现状。

"知人者智，自知者明"，那些善于反省的人才能不断选择正确的道路，从而不断突破自我，遇见更好的自己。我们不能用固定思维来看待这个世界，因为世界是多维的，要辩证地去看。你遇到的每一份成功和失败，每一次腾飞和磨难，都会成为你实现梦想的台阶。越学习越成长，你会发现这个世界的缤纷和精彩。《道德经》中写道："合抱之木，生于毫末；九层之台，起于累土；千里之行，始于足下。"

长得高大的树木，是从细小的萌芽生长而来的；多层高的楼台，也是用泥土一点点堆积而成的；千里远的路程，则是一步一步走出来的。我们的学习和成长都是一个循序渐进的过程，既要仰望星空，又要脚踏实地。我坚持早起700多天，坚持阅读700多天，坚持运动300天，坚持使用效率手册300天，正是这种脚踏实地的践行，给了我向上生长的力量，促使我一点点地蜕变和成长，超越了过去的自己。

  海明威曾说，优于别人并不高贵，真正的高贵应该是优于过去的自我。对于这句话，我深信不疑。从事十多年的工作，我在技术上严格要求自己，最终成为一名高级工程师。然而技术方面的突破并没有弥补性格、思想和精神等其他方面的空缺，我性格内向，害怕露面和在公众面前讲话。但在互联网创业的平台上，不发声等于什么也不会发生。于是，自2022年初，我做出了改变的决定，开始了一次次突破性的成长。我开始冲破舒适区和焦虑区，在学习区不断打破旧有的认知。我开始学习拍摄短视频，一次不行，重录；再次不行，再重录……我在一点点矫正自己的说话吐字、语气、感情和镜头表现力。目前输出了90多个短视频，慢慢地呈现出越来越自然的口播状态。在创业平台青创，我参加了2022年青创演讲大赛，晋级前十五强，那种满心的喜悦和感恩让我浑身充满了力量。我开始带领早起社群，担任线上课程班主任，在社群运营中分享我的感悟和想法。学员们的喜欢和认可让我觉得自己的付出是多么的幸福。此外，我开始做好声音训练营，帮助100多名优秀女性改善了声音面貌，打造了好声音气质名片。看到伙伴们一点点爱上自己的声音，我感动到热泪盈眶。回望这一路走来的艰辛，一次次的尝试和一次次的突破，让我感觉自己生命的齿轮在转动，在发挥作用中呈现自己的价值。

  不知道从什么时候起，我开始喜欢独处，享受沉浸在自己热爱的事物里，沉浸在自己独特的时区。那种与灵魂合一的感觉，会让我感到特别的愉悦。比如我喜欢绘画，在笔墨的游走中体会诗情画意；我喜欢好声音，在诵读的不同音色里体会人间冷暖；我喜欢舞蹈，常常会在自我肢体不协调中乐不可支；我喜欢阅读，沉浸在知识的海洋里，与作者产生神奇的共鸣……我惊喜自己这么多年来依然没有放弃自己的喜好，从各种体验中寻找不断前行的力量，做一个拥有有趣灵魂的人。其实，一个人的灵魂，只有在独处中，才能洞照自身的澄澈与明亮，才能盛享生命的葳蕤与蓬勃。我常常在独处时问自己，你来人间的意义是什么？通过数次心灵的碰撞，我觉得自己是为了传递美好和希望而来，这也是我文章开头提及的"向美而生、向光而行"这八个字表达的意义。**人的每一次觉醒都会让自己进入更广阔的天地，希望和有缘的朋友一起跨上更高的人生台阶，成为一个温柔又强大、内核稳能量高的人。**

> 在一个大多数人都在竞争的环境中，不要试图鹤立鸡群，而是要远离那群鸡，这是选择的智慧，愿每个人都活在自己的节奏中。

不要鹤立鸡群，要远离那群鸡

■ 汤蓓

汤蓓精准升学创始人
央视前主持人
《走老路到不了新地方》作者

学习是关于选择的艺术

努力和选择哪个更重要？经常有学生问我这个问题。

我先讲一个我的故事。当年高考前，我只能考400分左右，在我们省的水平来说，连个像样的大专都上不了。其他同学都在按部就班学习的时候，我热衷于参加各种辩论赛、歌唱比赛和广播台的节目。我的班主任看我的眼神，常常让我感觉借他100个白眼都嫌不够，每每在晚自习遇到老师，老师总对我说："你就不能和其他同学一样好好学习吗？你又不笨，为什么总干鹤立鸡群的事情呢？你做这些事情能当饭吃吗？"

于是，我做了一个决定：**离开这群鸡**。我参加了艺考，在高考前，用60天时间提升文化课分数100多分，最终成功考入中国传媒大学播音主持学院。

故事讲完了，我可以回答前面的问题了："都重要，但必须先选择再努力。"

因为学习是关于选择的艺术，很多人听了我的高考故事后，都会对我竖起大拇指，可我心里并不轻松，因为无数家长会用我的故事当作励志故事讲给孩子，试图让他们的孩子理解努力有多么的重要，可我的故事并不是一个关于努力的故事，而是一个关于选择的故事。否则，我的努力只能算是一种愚蠢。

我为什么参加艺考呢？当年我的班主任觉得我鹤立鸡群，总是在做和其他同学不同的事情，我也常常因此而痛苦，为什么这些丰富多彩的社团活动就成了老师的眼中钉肉中刺呢？为什么做自己的喜欢且擅长的事情却遭遇排挤和议论呢？

友者生存 2：世界和我爱着你

既然这样，那我干脆就把这"鹤立鸡群"的事情干到底，参加艺考，用自己的优势上学！

当我到了北京开始学习专业课，发现像我这样喜欢各种文艺活动的高中生简直不要太多！没有人将学习当作唯一的使命，学习更像是一种基本操作，在学习的基础上探索自己的优势，这是一件再正常不过的事情了。我终于不再有鹤立鸡群的感觉，感觉自己找到了大部队，踏踏实实地一手抓文化课，一手抓专业课。神奇的事情发生了，一个明确了将优势作为升学路径的"学渣"，随着专业课的不断深入，文化课成绩也因此直线上升了。

这就是选择带来的奇迹，这个选择的秘密究竟是什么呢？其实就是多元智能，我们每个人都有，只是很多人不知道，或者是隐隐约约知道一点，但被主流的学业淹没，在没来得及开发的时候就永远失去了发光的机会。我就是在发现自己的语言智能和内省智能比较高的情况下，才做出参加播音主持艺考的决定，用自己的优势在升学赛道上杀出一条属于自己的路。

多元智能理论（theory of multiple intelligences，简称 MI 理论）是由美国教育学家和心理学家加德纳（H. Gardner）博士提出的，是一种全新的关于人类智能结构的理论。它认为人类思维和认知方式是多元的，智能也是多元的，**每个人身上至少拥有八项智能，即语言智能、数理逻辑智能、音乐智能、空间智能、身体运动智能、自然智能、人际交往智能和自我认识智能等**。

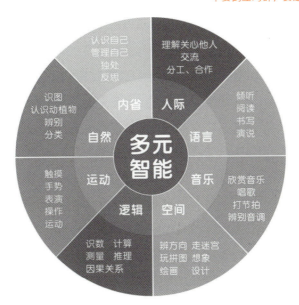

智能是人类大脑中文化知识的积累。它是一种生理和心理的潜能，这种潜能在个人经验、文化和动机的影响下，在一定程度上得以实现。

因此，学习其实是一种选择的艺术。你的选择代表了你的放弃：选择发挥自己的优势，便是放弃低效的努力。学习不是一厢情愿的努力就可以成功的事情。面对那些仍在用不够努力来欺骗自己的学习痛苦的学生，其实可以停下来，先看看自己是哪一种类型，再去努力，也许这样会事半功倍，毕竟关于学习，自我驱动才是最有效的努力。

选择是关于努力的技术

选择已经谈过了，我们再说说努力。如果说艺考这个选择是我升学路上最强劲的动力，那么努力就是我能最终达成目的的保证。

友者生存 2：世界和我爱着你

艺考结束后，我回到老家那天正好是 4 月 1 日愚人节，那天距离高考还有 66 天，而我的文化课还在 400 分左右徘徊，更糟糕的是，每一节课都犹如听天书。从早上 7 点到晚上 10 点，看着教室里奋笔疾书的同学们，只有我一个人茫然地看着黑板上的倒计时，我又有了"鹤立鸡群"的感觉。时间一分一秒地流逝，我脑子里已经脑补了一个差不多的分数，一个差不多的学校，一个差不多的工作，和一个差不多的人生。

我又做了一个决定：离开这群鸡。我放弃了低效的课堂听讲，自己制定复习计划，为每个学科制定了 KPI。我的目标是高考总分提升 100 分，时间紧，任务重，所以我放弃了平时不怎么学习但成绩相对稳定的语文，把所有时间集中在其他学科上。分数越低的学科，我越是花更多时间集中攻克，以达到总分最大化。

在给每一个学科分配完 KPI 后，怎么在 60 天内提升这么多分数，而且还是不听课提分，就是摆在我眼前的一道大难题。然而，我很快发现了一个秘密，那就是我的听课效率很低，但是我的自学能力好像还可以。于是，我完全放弃了学校的复习节奏，按照自己的学习状况给自己诊断了一下，我发现关于我自己学习的三个小细节：

（1）看一遍的效果比抄一遍要更牢靠；

（2）集中做同类型题目的效果比做整套试卷的效果更好；

（3）需要背诵的内容通过朗读和听的方式更能牢记。

于是，一个"学渣"对自己的学习做了一个诊断，并为自己制定了一套方法，最后效果还不错。也就是从高考开始，我对学习似乎就开窍了。在大学期间，我就开始在考试这条路上"大杀四方"，不管是什么类型的考试，我几乎都能在最短的时间内拿到理想的分数，甚至在考北京大学研究生的时候，高考成绩不怎么出色的英语居然接近满分。随之而来的,就是越来越多的学校和老师邀请我做分享,想知道我如何在这么短时间提升这么多的分数,我就将自己这些年学习、考试和授课的方法进行总结,发现我之所以学习效率能在短时间内大幅度提高,关键是找到了自己的"学习风格"。

学习风格量表是由弗莱明(Neil Fleming)提出的一种调查工具,它将学习风格划分为四类:**视觉型、听觉型、文字型和动觉型**。每一个都有自己擅长的学习风格,比如我,就是典型的视觉型学习者,我更倾向于通过视觉来学习知识,看图表、画思维导图等能够让我更快更深刻理解所学知识。而我的女儿更擅长听觉学习,任何记忆背诵的内容,只要有音频、讨论和提问,她能在很短时间内记住,并且还可以很长时间不忘记。在不知道自己学习风格之前,学习对我来说就像是用没开刃的斧头砍树,看起来在很努力地挥动斧头,但实际上效果不佳。而明确自己的学习风格后,斧头就像是换成了电锯子,用很小的力气也能在很短的时间内砍倒一棵树。我们的学习就像砍树,不能"你只是看起来很努力",只有找到适合自己的学习风格,才能够高效学习。因为人只有在正反馈的机制下，才能拥有学科效能感，也就是学习上的自信。**有了自信，才能持续投入学习中，一个拥有持续自驱力的人就开始循环起来了。**

近年来，我陪伴许多家庭度过升学阶段，几乎在每个家庭中都能看到自己当年痛苦的两个影子：一方面，孩子在一个不适合自己的赛道上努力，很辛苦，但没效果，父母焦虑不堪；另一方面，孩子在假装努力学习，也没效果，父母痛苦不已。真爱孩子和假爱孩子之间，就隔着一个"教育诊断"，并不是每个孩子出生的时候都带着自己的说明书出世，只有明确孩子拥有什么、擅长什么，我们的努力和付出才能真正发挥作用。

一位教育家曾经说过："教育中最困难的事情，就是让孩子成为一个自愿并热切追求知识的人。"从小，父母铆足了劲地为孩子创造生活，努力地给孩子打造理想的未来，却在孩子学习面对困难的时候，只会说"你再努力一点"，每一个努力魔咒背后的孩子在那一刻又被忽视得很彻底。这就是为什么，在父母眼中的"我为你好"最后变成孩子怨恨父母的源头。因为心灵不相通，父母做得再多也无法唤醒孩子的内在驱动力。孩子的成长过程是既敏感又寻爱的过程。父母，就是孩子人生的"加气站"，会让孩子有底气、有勇气。父母在升学路上抓住"教育诊断先行"的原则再谈科学努力，才能真正关爱孩子。

在一个大多数人都在竞争的环境中，不要试图鹤立鸡群，而是要远离那群鸡，这是选择的智慧，愿每个人都活在自己的节奏中。

> 成长是每个人一生都要追求的目标，人生的前行犹如逆水行舟，不进则退，尤其是在这个充满不确定的时代。

活好当下，拥抱未来

■ 王薇莉

数字化管理培训师
报联商（汇报、联络、商谈）职场沟通教练
企业团队打造实战专家

我一直把自己定义为自由职业者。我是一名培训师,今年是我从事和培训相关工作的第 10 年,是我走上讲台的第 6 年。我热爱培训工作,享受每次课程结束后学员的肯定和赞誉,喜欢没事的时候就打磨一下自己的授课内容,乐于在讲台上和大家分享自己的经历、学到的新方法和新知识,喜欢和不同背景的人展开思维的碰撞。很多人觉得我每天都保持充沛的能量,问我是怎么做到的,其实秘诀就在这 8 个字:**活好当下,拥抱未来**。

人生需要动力

内耗这个词这几年被提及的频率越来越高,我接触过来自不同行业、不同领域、不同年龄的人,他们中有大企业的高管、身价几个亿的老板,也有勤勤恳恳的上班族和全职妈妈职场妈妈。每个人都为不确定的未来感到焦虑,为错过的机会而后悔,为事情没有达到自己的预期而恼怒,而这些都会极大地消耗我们的内在能量。当一个人的内在能量被耗尽的时候,他真的很难应对外界各种突如其来的状况,这种状态的本质是缺乏动力。**动力由两个部分组成:你想成为什么样的人,以及你看重的价值观**。

我来自一个普通的家庭,父母都是普普通通的工人。在我很小的时候,父亲因一场车祸离世,我的母亲独自照顾 3 个孩子。在冬天一个寒冷的深夜,我看到母亲双手冻得通红依然在凌晨 2 点钟坚持工作,那个画面就成了我小时候的动力,我深知自己一定要争气。妈妈希望我好好学习,我就努力学习。我的学习成绩一直不错,那是因为每次考得好,都能够慰藉母亲。看到她的笑脸,即使早起晚睡,我也不觉得学习是一件辛苦的事情。

大学时期，我一边做兼职，一边努力学习，曾经一天打3份工，仍然保持优异的成绩。那个时候的动力很简单，就是一边解决自己的生活问题，减轻家里的负担，一边能够完成自己大学的学业。大四的时候，大家都准备考研，而我则被保送至四川大学读研究生。读研究生的时候，我进入英特尔实习，研究生毕业后留在该企业。

进入职场后，我的动力变了。我遇到了我在职场上的导师，一位独立、勇敢且富有行动力的女性领导，好像任何困难都难不倒她，我立志要成为她那样的人。榜样的力量是无穷的，我的优秀业绩得以延续，每年都能取得不错的成绩。

直到三十而立，一个问题突然出现在我的脑海中：我是谁，我要成为谁？我开始思考这个问题，直到我参与了一个游戏。这个游戏是要求我采访周围的人，让他们说出欣赏我的地方，每个人需要采访10个人，得到30个不同的反馈，再从中找出两个我最想拥有的特质。我选出来的词是"坚持"和"勇敢"，我决定成为坚持和勇敢的人。多年来，我遇到过许多挫折和想放弃的时刻，这两个词就会跳出来，给我持续的动力，帮助我克服困难和挑战。

你想成为什么样的人呢？你要找到这个定义，让它成为你的力量。

启动效应

很多人认为，世界上最遥远的距离是从知道到做到的距离，这也是人与人之间最大的区别。我也不例外，明明计划做一件事，知道做这件事是对的，但就是迟迟没有开始。没有开始的原因也很简单，比如追了一会剧，时间就没了。这是一种"病"，俗称拖延症。尤其是做了自由职业者后，企业里的各项考勤制度的约束减少了，特别需要我们对自己的时间做好管理，我也一度为自己不能很好地自律而苦恼。然而，我发现了一个行动转换的小秘密，那就是启动效应。

什么是启动效应？这是我自己下的定义，就是当你开始一个行动时，大脑很容易进入一种全神贯注的状态，从而能持续推进这个任务。举个简单的例子，很多人说看完一本书很困难，确实，想想都有点难度，但你有没有发现，只看一页书，这个任务就不难，所以你不要告诉自己要看完一本书，而是告诉自己要看完一页书。这个指令只起到一个作用，就是开启你看书的这个行动，一旦开始这个行动，恭喜你，你大概率可以让看书这个行为持续下去。这里有一个小技巧，就是找到最小行动。很多人说我有很强的行动力，其实就在于我会设计一个复杂任务的最小启动行动，以减少大脑的阻力。比如，我要设计一个课程，我就从做一页 PPT 开始；我要学习一套课程，我就从听 10 分钟的音频开始。我是一个比较喜欢用听觉获取信息的人，在网上有一个 VAK 测试，你也可以测测你的最佳学习通道是哪一类。启动效应可以有效管理自己的行动。

为什么要和大家分享这个启动效应呢？**因为有了动力，我们还需要解决行动的问题**。梦想是奋斗出来的，靠的就是行动，启动效应是我用得特别好的一个技巧，简单高效，因此分享给朋友们，希望对大家有所帮助。

任何时候都不能停止成长

成长是每个人一生都要追求的目标，人生的前行犹如逆水行舟，不进则退，尤其是在这个充满不确定的时代。

关于成长，我有两个建议。

首先，是补短板还是发挥自己的优势？ 很多人喜欢关注自己的短板，老是拿自己短板去和别人比较，得到的往往是不自信、痛苦，一直在学习，一直在努力，但进步甚微！而且这么做还容易忽视自己的优势。加速度发挥自己的优势，用优势来提供被需要的价值，你才更容易脱颖而出。

我一直觉得我的职场比很多人顺畅一点，一方面，我是一个比较容易满足的人；另一方面，很大的原因是我觉得我比较容易看到自己的优势，我会在自己的优势上发力。我的家人和朋友都觉得我是一个口才好的人，我小时候竞选班委能让同学感动得流泪，大学时喜欢和各种各样的人打交道，职场中和谁都能聊得来，所以现在就用口才养活自己，成了一名职业培训师。我一直强调，我是做自己喜欢的事情，顺便挣点小钱。发现自己的优势并且让它在你的人生中发挥最大的作用，在自己的优势上努力，会使我们的职业和发展道路更加顺畅。

很多人问我，如何找到自己的优势呢？这里分享两个我自己的方法：第一，你问问身边最熟悉你的人，问他们"你觉得我最擅长的是什么？"那些共性的答案就是你的优势所在。第二，和优秀的人多交流，了解他们成功的经历。最重要的是观察他们如何克服困难、如何将事情做成的过程。在这个过程中，看看你和他们有什么相似的地方，也许是某些行为习惯，也许是对问题的思考方式，也许是某一个信念，这些独特之处都是你身上的优势。找到自己的优势之后，不断地用它为你的工作和学习助力，你会慢慢发现自己变得更优秀了。

关于成长的第二个建议是，要善于设计比昨天好一点点的今天。 人生是设计出来的，成长也是。我们每个人每天要做的事情都是有迹可循的，这个"迹"就在于你有没有花一点点时间来计划。我举个简单的例子，我们每个人都有过取快递的经历，不知道你有没有这样的感受，如果你不提前计划取快递的时间，好像永远都不会取走那个快递，这个计划也许是你早上起床想起来有个快递还没取，也许是你在地铁上突然给自己的一个提醒。这说明在任何行动之前，我们往往会在大脑中先有一个计划或者概念。很多事情，如果你不计划，你就保证不了你能真正地做到。这么多年来，我一直有一个习惯，就是每天都要设计一下自己的今天，把自己要做的事情记录下来。我通常会记录到笔记本上，这可能包括一个大的培训计划的制定，一个课程的研发，一次商务洽谈，或是洗衣服、给父母打电话等小事，可能也就花费3~5分钟的时间，但是能让我的第二天有序地进行。而且我发现，当某一天我没有设计的时候，就会发现那天很多事情都没有推进，懒惰真的是人性，我也无法避免。很多人会问，你怎么保证你今天的设计要比昨天好呢？我有一个进步清单，里面有11个选项，需要花费的时间从10分钟到一个半小时不等，我每天会根据我当天日程的安排，从里面挑一件事情来做，这是一个必做项。你的成长也许不一定马上有成果，但是至少我的内耗现状和这个进步清单有很大的关系。还记得那个1.000001的365次方吗？在时间的作用下，我相信会带来奇迹。

闪耀的未来

《高效能人士的七个习惯》是我特别喜欢的一本书，它涵盖了从个人领域的成功到公众领域的成功的方方面面。其实，成功有一个前提，就是你要相信自己一定有一个更闪耀的未来。只有在"因"上不断努力，我们才能真正拥有那份坚定的信念力量。海峰老师有一句话，给予我极大的鼓励："人生最遗憾的不是做不到，而是本来我可以。"**所以我一直深信我有一个闪耀的未来，努力成为那个坚定勇敢、每年都能实现一个个小目标，并能助力他人成长的自己**！我在世界的这一端期待和你相遇，一起创造更闪耀的未来！

> 我们不被定义,拥有无限可能。愿我们都能在有限的人生中,做自己,追求卓越。

我们已经很好了,只需要更好地做自己

■ 王云

成长导航妈妈
全国中学生生物奥赛原金牌教练
亲子自律成长圈主理人

40岁的我选择裸辞回归家庭,思考如何更好地度过我的下半生。我心中有一个答案:**做最真实的自己,不受外界裹挟,活出自洽感**。海峰老师的一句话让我深受启发:"为什么总要说做更好的自己,难道现在的你不好吗?现在的我们很好了,我们只需要更好地做自己。"听到这句话的时候,我瞬间眼泪在眼眶里打转。一路走来,求学、就业、结婚、生子,我倔强地挣扎着,只为了做自己。

生命中的感动

我再次踏上了自我探寻之路。我出生在一个重男轻女的农村家庭,作为留守儿童,却从来没有被轻视过。吃着大锅饭的我,被很多人温暖过,我的爷爷奶奶,我的外公外婆,我的伯父伯母,我的叔叔婶婶,我的大姨大姨父,我的堂哥堂姐们,我的表哥表姐们,还有很多很多人都在呵护我,所以我的童年充满快乐,感谢我最爱的家人们。

生命中值得感谢的人众多,但是长大后,我跟这些小时候陪伴成长的家人们交流越来越少了,好多人我已经二十多年没再见过。我心里一直有个愿望,就是希望自己长大后,能力所能及地帮助大家,回馈当初的那份爱,因为是他们给予我自信和底气。

有一个人,他总是以温柔对待任何人。在他身上,我学到了平和、温柔和温暖,他就是我的爷爷。在我五年级时,他就离开了我们,他的离开是我童年最深的伤痛。都说童年的爱是未来人生的光,在爷爷的眼中,我们都被无条件地爱着,无论是男孩还是女孩。去年观看电影《人生大事》时,我的眼睛都哭肿了,我真的是太想念他了。我也想成为一个像他一样温柔善良的人,他的爱让我一直拥有自信和底气,这就是每次我觉得自己不行的时候,下一秒又坚信自己一定可以的原因。

生命中的倔强

从小的倔强

我从小就不喜欢干农活,我曾告诉我奶奶,我是读书的命,以后不要再让我干这些体力活。我认定读书可以改变命运,显然我不是个体贴的孩子,总是那么任性,我的爷爷奶奶也默认了我的任性,让我从小就可以做自己。

中年的叛逆

我人生的另外一个转折点就是结婚。曾经作为一个不婚主义者,我之所以步入婚姻,其实就是想逃避某种东西,是的,我要远离那个父母经常吵架的原生家庭,结果我在新的环境里面越活越拧巴,一切开始向钱看,我想用钱换自由。

生完二胎后,我就迫不及待地想要逃离压抑的生活。我把孩子们留在家里,选择出门奋斗,这一走就是五年。这五年里,我把更多的精力投入到我的工作中,对于一个 35 岁的人来说,好像一切真的输不起。因此,我一路上都是用尽全力,经历职场的尔虞我诈、升职降薪等,我看到了人性的美好和丑陋,更加坚定地追求自己想要的人生。

做自己的倔强

我的父母一直都对我比较放心,直到我结婚。婚后的我仿佛陷入泥泞中，有一种窒息般的感觉。我们都已经四十岁了，不再是小孩了。我真诚地恳求父母们不要再对我们进行道德绑架了，给我们中年人留一点自尊吧，我们的生活我们自己来消化。

我现在也是孩子们原生家庭的母亲，如果我自己都无法独立，谈何能引导孩子们从小拥有做自己的自信呢？每个人都是独一无二的，都值得无条件地被爱。

40岁的我有很多恩情未报，不该把时间浪费在日常鸡毛蒜皮的小事上，应该努力绽放自己，做一个有价值的人。我要照亮曾经像我一样在家庭和事业中迷失自我的中年女人，让她们看到无限可能，更好地做自己，就像小时候不愿意干农活、努力读书的我。

做自己的榜样

林徽因是我心中的完美女神，她有自己的挣扎和困境，却又不失人间烟火气。在人生的每一步，她都走得游刃有余，无论是爱情、家庭还是事业，她一生都在做自己。

生命中的引领和陪伴

在有限的生命中，总会遇到贵人的助力、好友的相伴和莫名的信任，让我的人生之路不再迷茫、孤单和自傲。 在彼此的点亮下，让我们一点点活出真实的自己。

老师们，感谢你们一路的引领和助力

从小到大，我在别人眼中一直就是个乖乖的孩子，享受到的是老师们无条件的信任和关爱，在这样的环境中成长，我对学习充满了热

情，毕业后我也成了一名光荣的教师，用同样的爱回馈给我的学生们，成为孩子们眼中那个充满正能量的老师。

转行后，我成了一名医疗工作者（这是我的一个从医梦，这一次我离医学是如此之近），我何其有幸遇到了人生导师：林雨总和吴俊熙总。我仍然记得，当时刚出月子的我在面试的时候，短短几分钟内，我们就确认可以互相交付，还有俊熙总，在我被质疑的时候，他一直在背后支持我。两位前辈的指引，让我在转行之初就开了个好头。当然，还有更多的领导和前辈们，虽然不能一路同行走下去，但是感谢他们曾经的信任和并肩同行的那段时光。

裸辞后，我一边带娃一边做自媒体创业，我不断拓宽认知，遇到了自律助力青年成长成功的张萌老师、一年顶十年的猫叔、007写作的覃杰老师、星火计划的润宇老师，以及海峰老师。一路上，我都被这些大咖们滋养着，在他们身上我感受到最多的就是使命感，从一个个体成为大咖，再助力更多平凡的个体。我特别认可海峰老师的那句话："每个生命内在都是闪闪发光的，你内在的价值是坚不可摧的。"

在这些大咖的引领下，我开始养成早起、运动、读书、写作的好习惯，也开始修炼自己的互联网创业技能，开启直播带货。我还联系了海峰老师，开启了自己的出书之路，实现了儿时的作家梦，用一个生命感动另外一个生命。我相信这只是一个开始，未来会有无限的可能。

朋友们，感谢你们一路上的陪伴

我的生命中，除了大咖的引领，还有伙伴们的陪伴。陪伴是最长情的告别，这些好朋友一路相伴，我们互相激励、互相启发，亦师亦友。

我的同学们，是你们陪伴我度过最纯真的学校时光。每当想起，都充满了暖暖的爱意。我们一起学习，一起经历青春的懵懂，一起升级打怪。你们的陪伴让我再次感受到家的温暖，不论多久，我们都是最亲密的一家人，彼此牵挂。

我的同事们，步入社会后，你们是我最亲密的伙伴。我们相处的时间超过了家人，甚至下班后我们还会相约一起吃喝玩乐。我们成了无话不谈的好友。我们不只是同事，更是好友。正因为这种陪伴，我们不是一家人胜似一家人。我们彼此见证成长和事业的困局与突破。

我的战友们，创业这条路，都说是九死一生的。我经历过负债、家庭危机等重重难关，就是这么一群战友，我们相信逆天改命。创业路上会遇到各种坑，要求我们不仅要有强壮的身体，还要有强大的意志力，不断跟"懒癌"做斗争，争取有限的时间。我们挑战每天4:00甚至更早起床，每天阅读，每天写一篇笔记，坚持运动、养生和直播。在一场自律的战役里，我们并肩作战，相信自律才能通向最后的自由。

在这场战役中，我要特别感谢一位不离不弃的战友，我们亦师亦友，她就是徐老师。她是我非常欣赏的人，总是能量满满，在她身上我看到顽强的生命力。她一直在追求成功，我觉得她已经很成功了，她的生命状态足以激励很多人。我想对她说："你是闪闪发光的，不管你是徐老师，还是悦平老师。你是优秀的妻子、优秀的妈妈、优秀的战友，你更是优秀的自己。"

我的粉丝们，在过去的两年里，从早起、运动、读书、写作，你们一路见证了我的成长，是你们无条件的信任，是你们想要改变的心，让渺小的我开始有了使命感，我发现自己也是有价值的，再小的个体只要有一颗利他的心，就可以变得很有价值。作为成长系的生活博主，我希望尽自己所能，呼吁更多的中年妇女努力做自己，绽放你本来的精彩。

无论几岁，我们都有勇气重启人生。我 40 岁裸辞带娃开启了新征程，我将带着感恩之心，以终为始，日日反思，认真活好当下的每一天。**我将把余生的每一天当作生命的最后一天来过，做一个对社会有价值的人，陪伴和助力更多愿意改变的伙伴们一起成长，直至成功**。最后，我想用孔子的一句话来解释做自己的真谛："君子不器"。我们不被定义，拥有无限可能。愿我们都能在有限的人生中，做自己，追求卓越。

粗放经营也能赚钱的时机已过去，在目前的经济大环境下，向内盈利比向外盈利更重要，人本比资本更重要，团队比个体更重要。

经营企业就是经营员工，每个个体都闪闪发光

■ 魏志峰

华策咨询创始人

超级盈利实战派专家

20年千亿级500强企业咨询顾问

经营自己

我是华策咨询的创始人魏志峰。在过去的 20 多年里，我只专注于一件事业：**陪跑企业经营员工，帮助他们实现向内盈利。**

MBA、企业高管、落地派的管理咨询师，是我的三个不同标签。不同阶段、不同角色带给我不同的人生阅历，但最值得珍惜和回味的，是我指导过的超过 10000 名培训学员，以及在我的帮助下，总市值超 5000 亿的 119 家企业。这些企业在我的指导下都成功构建了经营员工的机制，实现了企业的盈利、员工加薪和成长。

我曾受自己客户同时也是学生的"怂恿"，以联合创始人的身份担任一家商业连锁加盟企业的运营副总裁，三年为企业培养了一支狼性运营团队，成功融资 2000 万元。却因创始人只知扩张，忽视交付，导致项目最终未能如愿，这让我深刻认识到经营员工之"做对事"的重要性。

12 年前，我帮助一家世界 500 强企业构建了全套的绩效激励机制，使几千名中高层管理者的态度从"事不关己"转变为积极投入工作，让我感受到经营员工之"想干事"的神奇力量。

因为缘分，我有幸结识了一对夫妻企业家，并指导他们如何经营员工，如何实现向内盈利。在他们身后，我默默陪伴了 13 年，见证了年营收由 2000 多万元跃升至近 30 亿元，管理团队也从小到大，由弱到强。这一鲜活的案例印证了经营员工之"能干事"是企业持续增长的基石。

经营企业

因为工作的原因，我平时接触了很多企业老板和高管，特别是中小民营企业的老板，深知他们的苦楚和辛酸。

创业是条无法回头的道路，经营和成就一家企业如同一场孤独的修行。特别是经过疫情的洗礼，叠加新生代员工成为就业的主力，企业经营的难度和挑战愈发严峻。

曾与一位年营收20多亿元的跨境电商老板沟通，他自认为自己成功80%是靠运气，因为当年他做跨境电商的原因很简单：无需学历、技能和团队，门槛低，启动资金要求也不高。还有20%可能归功于他的能力和坚持。他用一句话概括："站在风口上，即使是头猪也能飞起来。"

放眼当下，大家的感受是市场饱和、竞争压力大、经济增速放缓、外贸受阻、消费低迷等，这些都不是一家企业能左右的。所以，把经营企业的重心聚焦到向内盈利，把内功练好，活下来，也许更为现实和有效。通过建立机制把人激活，挖掘员工潜能，提高人效，降低成本，减少管理和协调上的浪费，向企业员工身上要效益。用内在确定性抵御外部不确定性，用自身力量增强外部竞争力。否则，即使费九牛二虎之力争取的单子或机会，最终也可能不盈利。

粗放经营也能赚钱的时机已过去，在目前的经济大环境下，向内盈利比向外盈利更重要，人本比资本更重要，团队比个体更重要。

时代造就了企业家，企业家演绎着时代。如果你还在迷恋过去，期望靠等待和运气翻盘，那只会被时代抛弃。要想在困境中突围、逆境中起势，经营的秘诀是转变思想、付诸行动，重视员工经营。

绩效思维

没有绩效管理就等于没有管理，就像轮船没有港口，运动员没有终点。

友者生存2：世界和我爱着你

员工没有绩效，就无法判断其价值大小，更无法决定其奖励多少。从人性的角度看，做好做坏一个样，做多做少一个样，脚踩西瓜皮，滑到哪里算哪里，这会强化人性懒惰、恶的一面，会导致劣币驱逐良币，对优秀、肯干的员工造成极度的不公平。

经营思维

对于市场化运营的企业，将员工当作成本还是资本，会带来截然不同的结果。

如果用薪酬交换员工的时间、体力、忠诚、学历、阅历、经验等隐性价值，薪酬就是成本。既然是成本，肯定希望薪酬越低越好，带来的结果是员工的动力和潜力受到压制，陷入恶性循环：低要求—低工资—低绩效—低盈利。

换个思维，如果用薪酬交换员工的显性价值和价值增量，那薪酬就变成了资本。这时老板们希望员工的薪酬越高越好，因为员工薪酬越高，企业获利越大。这才是良性循环：高要求—高薪酬—高绩效—高盈利。

经营员工的投入是成本还是资本，不在于想法，而在于机制如何设计。

共赢思维

我经常听到一些老板指责和抱怨员工无能、缺乏责任感、只知索取、没有团队意识等。可老板们扪心自问，员工凭什么要释放能力？员工的责任感来自哪里？员工凭什么要付出？员工凭什么与团队同心？这些问题虽然尖锐，但却很现实。

当你在选择员工时，员工同样在选择老板和企业。

当你认为员工没有价值时，你和公司在员工眼里也分文不值。

当员工找借口时，其实是公司给了他们找借口的机会。

当你认为员工不出力时，事实是员工没有找到出力的理由。

如果我们用共赢的思维和机制来面对这一切，让员工挣到钱、获得成长、干得开心，上述这些都不是问题。

未来员工的薪酬只有更高、没有最高，企业应该用机制确保获得价值增量，让员工薪酬增长成为保持企业竞争优势的重要法则。

企业与员工之间没有利益的趋同，就没有思维的统一；没有思维的统一，就没有行动的一致；没有行动的一致，就没有目标的实现。

共赢的平台应是企业实现盈利增长，充满社会责任感，员工收获工资增长、能力提升、身心向善和家庭和谐。

团队思维

很多老板在创业初期全靠自己，因为当时无人可靠。随着企业规模越来越大，老板的角色和定位要及时做出调整，他们要成为企业中最"不务正业"的人，通过经营员工来实现自己的目的。自己厉害不算真厉害，带领团队厉害的老板才是真正的高人。

一个人可能会走得更快，但一群人一定走得更远。老式火车行驶速度快慢取决于火车头，但是现代高铁需要每节车厢都自带动力，相互助力，因此能承载更多乘客、跑得更快、走得更远。

经营员工

经营企业就是经营员工，但如何经营好员工对很多老板来说却是极大的考验。他们可能是销售好手、技术大拿或产品专家，可对员工经营可能一无所知，缺少方法和机制，碰到这些问题也只能生闷气、干瞪眼。为了帮助、托举更多的人，我总结了自己20多年的管理经验，研发了一套具有自主知识产权、系统、落地、被众多企业证明有效的机制和方法，并通过各种方式分享给大家，目的是让更多的企业能够掌握和应用这些方法。

经营员工的复杂性来自员工的需求、欲望、思想和情感。透过现象看本质，将复杂问题简单化，可以总结为三句话：让员工做对事、让员工想干事、让员工能干事。用公式表示为：企业盈利增长＝方向＋动力＋能力。经营员工如果做到以上这三点，大概率上员工创造的价值就不会低。

让员工做对事

方向不对，努力白费。在错误的事情上做得"越好"，对企业的伤害就越大。要让员工做对事，不能仅凭感觉和经验，而应有科学的决策并形成机制。

一个聚焦点：企业战略或经营目标；

两个对错评判标准：对经营目标实现是否有价值？是否形成合力？

两个目标：一是让经营目标与员工日常工作建立联系，形成可执行、可操作、可检视、可追溯的具体工作内容；**二是员工之间的工作要形成合力**，上下一心、力出一孔。

四张表格：战略地图、责任矩阵表、平衡计分卡、考核表。

让员工想干事

经营员工的核心在于激励，激励的核心在于分配。因此，让员工想干事就是将激励措施做到极致,让员工有做事的冲动和动力。很多老板都知道激励的重要性,也尝试建立激励机制,但真正有效果的并不多。

激励机制要有效果,至少应满足以下四个要素:

(1) **让员工自己给自己干**。从人民公社到家庭承包责任制的变迁,农民生产力和状态的极大改变就是个鲜活的例子。

(2) **让员工知道付出后的回报**。美团骑手和快递小哥为什么这么卖力?因为他们知道付出后的回报,也清楚没完成任务的惩罚。

(3) **及时激励**。激励不及时,效果会大打折扣。毕竟对于绝大部分人而言,通常信奉的是"先获得、再相信"的原则。

(4) **构建立体式的激励体系**。单一激励模式不能达到最好的激励效果。可结合利益驱动和文化驱动、短期激励与中长期激励、个人激励与团队激励等多种方式。结合多年的实践经验,我给读者朋友们的建议如下。

(1) 对于管理层,采用短期利益驱动的增量激励机制;

(2) 对于基层员工,实施短期利益驱动的产值计薪模式;

(3) 文化激励可采用积分式激励模式;

(4) 团队激励可尝试项目合伙制度;

(5) 长期激励可运用股权激励模式。

让员工能干事

很多员工也想将工作干好,但不知道如何入手。

怎么办?最简单的方法就是提供管理工具和模板,手把手教导。管理没有捷径,要将复杂的事情简单化,将简单的事情重复做,把重复的事情坚持做。

例如，召开早会、制定工作计划、开展红绿灯管控、制定 K 目标行动计划、进行绩效评估、绩效面谈以及召开经营分析会等。

让员工能干事，对"三职、三表、三会"的跟踪和监督至关重要。

"三职"指的是企业设立经营委员会、总经理办公会、薪酬委员会；

"三表"包括经营内部报表、业务跟踪表和红绿灯管控表的跟进与分析；

"三会"指持续开展经营分析会、誓师大会和快乐大会。

经营员工就是要点燃员工心中的那团火，让每个个体都闪闪发光，实现人才价值的最大化和企业自我运转。

欢迎读者朋友们沟通交流，不断完善和精进经营企业和经营员工的策略和方法，为更多还在黑暗中摸索的朋友照亮前行的路，惠及更多的企业和个体。经营企业的本质就是经营人，相信每个个体都具备闪闪发光的潜力。

每个人的童年经历,无论是痛苦的或是快乐的,那些记忆终将或多或少地影响着他们未来的选择。

心跟爱一起走

■ 夏军

DISC社群联合创始人

研学教育培训师

埃里克森认证教练

友者生存 2：世界和我爱着你

从我出生的那一刻开始，我就注定了拥有和绝大多数人不一样的人生。

我的父亲母亲在响应 20 世纪国家支援三线建设的号召下，从南京到了江西景德镇，在大山里，他们自力更生建设了工厂和家园。我就出生在父母亲和他们的同事们亲手建设的厂医院产房里。但不幸的是，在我出生的那一天，母亲由于医疗设施的简陋和年轻的手术医生医术不精，导致产后大出血，永远地离开了我。那一天正逢夏至，是一年中白天最长的一天。后来，厂里的许多人总会回想起那天的情景，酷热的盛夏阳光热辣，广播喇叭里传来播音员急切的声音："紧急通知！！紧急通知！！有产妇需要输血，请同志们尽快赶往厂医院化验血型！"

打一出生，我就成了厂里的名人。在那个物资匮乏的年代，在一个远离城市的小山沟里，我不知道喝过几个阿姨的奶，吃过多少家送来的奶粉，厂子里没有人不认识我，上下班时，总会有叔叔阿姨们经过我家门口，每次看到我，都会和我聊几句，也总少不了说上一句："这孩子，真可怜！"可那个时候的我，却全然不能体会他们说的"可怜"，因为父亲已经给我找了一个新妈妈。继母是一个很善良的女人，和父亲结婚时已经 36 岁了，尽管有人说她性格有些古怪，但她对我却非常疼爱。4 年后，继母为家里添了个男孩，我有了个弟弟。我每天更加开心了，父亲和继母上班后，奶奶在家里照看我和弟弟，我也多了一个玩伴。那会儿，家里还有我的堂哥和堂姐，因为大伯一个人在南京，大妈还在扬州老家，所以，奶奶一个人带着我们四个孩子。

奶奶心疼我，不舍得让我读厂子里的幼儿园，她说那里条件差，大孩子、小孩子也不分班，怕我被大孩子欺负。其实，我一点也不怕，因为有我的堂哥做我的保护伞，他比我大 8 岁，同龄的孩子都怕他。每天大人上班后,我就跑出去和厂子里那些同样不去幼儿园的孩子们一起疯玩。厂宿舍周围就是山,我们会跑到小山上摘野果子、抓小虫子;还会跑到厂里的养殖场,看小鸡、逗小猪……那时,三线厂实行食物配给制,每天上班时,大人们都会带一个菜篮子放在厂食堂,下班时,菜篮子里面已经装好了根据家庭职工人数搭配好的蔬菜。偶尔也会在节假日出现肉食,这些都是厂养殖车间供应的。每到夏天,厂里还总会在露天广场放映电影,那是我们全厂孩子的狂欢时刻。吃完中饭,我们就早早去广场,带上块滑石划线,写上名字占地盘。我却不用担心,无论我什么时候去,总会有人给我留出最好的位置。那会,我隐隐觉得,我这个名人的待遇还真不错!

我自由自在的日子终于结束了。六岁那年,我和厂宿舍的一群大孩子爬上了正在建设中的一幢五层楼的楼顶。当看到远处下班回来的继母,我在楼顶拼命大喊:"妈!妈!看到了吗?我在这里!"人群中的继母看到五楼房顶上的我,顿时吓得六神无主,脚都软了,大喊着:"夏军啊,你赶紧下来!赶紧下来啊!"那一晚,父亲、继母和奶奶商量了一夜,做出了一致的决定:让我赶紧上学去!

可我的年龄还不到上学的年纪,而且那个时候厂里的小学一年级还有两个月就要放暑假了,更何况我也没有学过汉语拼音,插班也跟不上了。继母坚决不同意我继续在家待着,上幼儿园我又不愿意,于是,就在附近的村子找了一所小学,还是让我上学了!村子里的小学有两位上海知青做老师,这所小学一共有三间教室,一间教室里坐满了1-5年级的小学生,一个年级一组。一位老师带着1-2年级学语文,另一位老师带着3-4年级学数学,5年级的学生就自己在外面上体育,如果遇到下雨天就在另外一间教室里自由活动,还有一间教室则是两位老师的办公室。遇到音乐和美术课,就是全体学生一起上,别提多热闹了。中午时,比我大 13 岁的堂姐会骑着自行车从家里给我送饭,裹着一层层毛巾和棉罩,送来的饭菜总是热乎乎的。我就在两位老师的宿舍里和他们一起吃饭,吃完饭,老师就给我补习汉语拼音。两个月后,我去厂子弟小学做了个测试,成功插入了二年级。

弟弟已经 3 岁了,开始了厂幼儿园的生活,奶奶想把我带去南京大伯伯那里,她认为南京的教育质量肯定比厂子弟小学强,于是在我二年级刚开学时,我和堂哥就都转学去了南京。从此,我们每年寒暑假都在南京与景德镇之间往返。每逢放假,我就盼着爸爸厂里来南京运输生产原材料的驾驶员叔叔来接我。那时,从南京到江西景德镇的卡车要开两天,途中要住上一晚。每当回到厂里,下车回家的路上,遇到的人都笑着和我打招呼:"夏军从南京回来了!"

虽然从没有得到过亲生母亲的关爱,但是在我的童年记忆中,那些用乳汁养育过我的阿姨,那些赶往医院献血、送来奶粉的叔叔阿姨,那两个耐心给我讲解拼音的上海知青,每天骑车送饭的堂姐,处处护着我的大哥,听话的弟弟,还有那些年顺路把我带回江西、带到南京的叔叔……那些温暖的记忆,让我心中充盈着满满的爱。

初一时,父亲和继母的工作再次发生了变化,我们回到了南京。父亲的工作很忙,总是出差,继母身体不好,就把上小学的弟弟暂时送到在学校当老师的小舅舅家。已经进入青春期的我和继母之间常常会有一些言语上的争执,她对倔强的我打也不能,骂也不是,常常在家里大发脾气。我不知如何面对家庭矛盾,感觉和继母的隔阂日渐加深,一心想着早点离开家。幸运的是,我的学习成绩一直不错,这一点从没让父母亲操过心。继母最爱说的就是"万般皆下品,唯有读书高",她对我学习的要求非常严格。小学三年级暑假,她给我带回了一本《西游记》，从此打开了我阅读的世界。唯有在我读书学习时，她才会不再对我发怒。于是，一旦和她产生冲突，我就关起房门说我要看书了，两人就相安无事了。父亲是个大孝子，在我的记忆中他从没有和奶奶高声说过一句话。他常和我说，子女要孝顺，第一条就是不能和长辈顶嘴，不能高声和父母说话，就算父母说得不对，也需要和颜悦色地和父母沟通。而我，在那个时候却没有做到。随着年龄的增长，我越来越能理解继母的难处，心中也有些后悔自己少年时的不懂事，未能看懂她心里对我的期待，难免让她多了些伤心。

每个人的童年经历，无论是痛苦的或是快乐的，那些记忆终将或多或少地影响着他们未来的选择。成年后的我依然喜欢读书，敬佩那些"腹有诗书气自华"的读书人，热衷于在陌生的城市街头自由漫步。在生活中，我总会遇到给予我帮助的人，也总希望能回报那些给予我帮助的人，更希望自己也能帮助更多的人。

爱是一个孩子健康成长的丰沃土壤，我很庆幸在我生命中遇到如此关爱我的人和读过的好书，这些经历塑造了我坚强、乐观、自信、认真的性格，让我学会遵循自己的内心，在我成年后无论从事什么工作，都能够踏实努力，不管遇到什么挑战，我都会选择乐观面对。

年轻时，我想要行走看世界，于是放弃了事业单位一份稳定的工作，选择成为一名导游。我陪伴着一批又一批的游客，探索和发现每一个城市、每一处景观的独特魅力，感受中华文化的博大精深，感悟世界文明的各美其美。一个人能选择一份自己喜欢的职业，并且能用这份职业的收入维持稳定的生活，这无疑是幸福的。在这个岗位上，我也收获了很多肯定和荣誉，包括成为首批全国优秀导游员、江苏省百佳导游员、南京市十佳导游员、南京博爱大使等。从 2002 年开始，我在带团之余就担任旅游专业的行业教师，参与旅游行业人才培养与教学，2016 年获得了文化和旅游部颁发的全国唯一的"传导授业"优秀导游特别奖。

在多年的导游工作中，我发现自己对博物馆有着特殊的喜爱。博物馆沉淀的历史，充满了岁月的痕迹和文化的积淀。因此，我成了一名博物馆的讲解志愿者，利用业余时间，为参观者讲述南京这座六朝古都的厚重历史。

近年来，我看到身边越来越多的年轻父母因子女的教育而陷入深深的焦虑。这些家庭通常都会因为成员之间的观念不同而导致家中争执不断。联想到自己的成长经历，我深感父母的言传身教与和睦的家庭氛围对子女教育影响深远，这让我能够和其他孩子一样，甚至比很多同龄人拥有更好的心态去面对工作和生活。

通过学习，我获得了埃里克森认证教练与 NLP 引导师的资格。我开始运用心理学的知识和教练引导技术，帮助人们了解自己的内心，学会与自己和解，与他人和谐共处。我结合自己丰富的导游职业经验，开展各类研学旅行教育，以拓展提升青少年的综合素养，激发他们的好奇心与学习力。同时，我还帮助家长提升情绪管理能力，解读情绪背后的正向价值，建立与孩子的良性沟通，为更多家庭提供支持，让每个人在不断看清自己的渴望与梦想后，持续努力并收获成果。

生命就是一次漫长的旅程，我想用我的一生去支持人们，永远带着爱与勇气，以积极的方式直面人生，让每段生命旅程都活出属于自己的那份精彩！

> 我的生命,永远保持积极正能量,我全心投入,用爱成长,不仅成就自己,也成就他人。

幸福是女人一生的必修课

■ 夏天姐

坤幸福太太创始人
中国女性魅力女王
抖音百万粉丝情感主播

嗨，亲爱的，我是夏天姐。你如此的幸运，能遇见我这么积极、可爱、性感、有魅力、有趣，还充满正能量的宝藏女人。

我从儿童孤独症老师，到舞蹈老师、舞蹈学校校长，再到女性魅力情感导师，如今，我创立了坤幸福太太平台，致力于唤醒3000万女人绽放，为3000万家庭带来幸福和和谐。我一直在努力，一路在成长，我始终相信，人生所有的修炼都是为了在更高处与你相见。我的生命，永远保持积极正能量，我全心投入，用爱成长，不仅成就自己，也成就他人。此刻，我将一个普通女孩的成长故事讲给你听。

18岁以前的我，好胜心极强

从小，我就是一个好胜心非常强的人，只要别人说我做什么事不行，我就一定要把那件事做好。小学和初中的时候，我的成绩不好，耍小聪明，还逃过学，上课听歌，偷偷睡觉，后来因为机缘进入深圳一家孤独症儿童学校实习，最终留校成为一名老师。

当时我还不到18岁，在这份工作中，我接触到那些生活在自己世界里的孩子，他们不为社会所接纳，甚至不为家庭所接纳。

因为工作，因为责任，我学会了倾听、耐心、爱与理解。18岁那年，我成长了很多。当时的我立志要帮助更多的孩子走出困境，融入社会里，回归正常人的生活，走上正确的人生道路。

20岁那年的一场重病改变了我

或许当时我还太年轻，无法承受如此大的压力与重任。因为压力过大，心理承受不住，疲惫不堪，一场大病摧枯拉朽袭来，让我差点丧命。当时的我需要每天吃90颗药，为了少喝水，我摸索出如何快速吞咽药片的方法。

在半年的住院中，我一个人咬牙撑过来。恢复后，我甚至没有告诉父母这段经历。从绝望中爬出来，我开始觉醒，我明白了生命的意义。我开始真正热爱生命，热爱每一分钟，拒绝让负能量耗费我的精力。我开始从失望和不自信转向自信，我也认识到内心渴望的东西。

我坚信活着比什么都好，健康第一。

因为喜欢，选择舞蹈

这次重病过后，我选择了舞蹈行业。我从深圳去了北京龙舞天团舞蹈机构学习，从0基础开始，参加进修班，用1个多月的时间完成了别人需要6个月才能完成的学业。这是用汗水、泪水以及伤痛隐忍坚持才获得的。

毕业后回到广州，我开始当舞蹈教练，仅用了2个月就晋升为店长。在陌生的领域里，我拼尽所有的时间精力去突破自己的能力和思维，获得更大的成长。后来，我成为一家舞蹈连锁机构的股东，同时管理多家舞蹈店。那时候的我既是店长，也是教练，还是股东，所有的工作都由我一个人扛着。

我的生命是上天再给我的一次机会，我要把握这次生的机会，我要用自己的努力将我想要的东西一一变为现实。

选择创业，为舞蹈行业注入新希望

2020年的这场疫情，给舞蹈培训学校带来了非常大的冲击，舞蹈店也是各种状况频出，倒闭甚多。舞蹈店老板和舞蹈教练都面临极大的困难。很多舞蹈教练失业了，只能去公司当前台、文员或服务员，甚至只能在家无所事事，她们感到迷茫和不知所措。

通过几个月的筹备，我决定将自己的演出经验与舞蹈资源相结合，将演出行业资源与舞蹈行业资源进行整合，成立太阳女神学院。我们秉持成人达己的初心，致力于帮助10000名舞者实现年薪15万元的梦想。通过一系列的运作，仅用了6个月时间，我成功招募了200多名合伙人，招聘了约2000名舞蹈教练和演员。

我们也经历了质疑、谩骂和各种阻碍，但肩负使命，意志坚定，勇敢前行。看到我们演员的改变，我们团队的进步，看到舞蹈室转型的成功，我也收获了不少感动与希望。

发掘全新的自我

我热爱舞蹈、音乐、钢琴、滑雪、冲浪，以及世间所有美好的事物，我更热爱学习和成长。

幸福是女人一生的必修课，世界上有很多赚钱的行业，却没有比帮助别人幸福更有价值的事业了。为了自己的幸福，也为了帮助更多女人绽放自我，我全身心投入到女性魅力情感事业中，这将是我一生奋斗的事业。

人生由我，发掘全新的自我。我决然投资几十万元学习女性幸福课程，从学员到导师，再到创立自己的传媒公司——坤幸福太太教育平台。从线下的培训讲师到线上的抖音主播，我也在不断的挑战中，站在更高的舞台上，绽放自己的生命魅力。

回首2023年，我收获了太多的幸福瞬间。2023年4月，从抖音直播的 0 基础，到同时在线千人的直播，我只用了 20 天。也曾有 6000 人同时在抖音里观看我的直播。经过半年多的努力，我拥有了 3 万多学员。现在每天持续有 1000 多新学员主动添加我的微信进行学习。更让我高兴的是，每天都可以收到学员的积极反馈。很多姐妹通过学习，在情感漩涡里开始清醒、觉醒、重生；很多家庭因为女人的学习成长，夫妻关系变得更加和谐了，家庭幸福美满。

这是我生命的意义。

关于女性婚姻情感的思考

我的直播间主题是大嫂训练营，我们要运用智慧和手段来经营我们的情感、婚姻，帮助妻子们在情感中占据主导地位，获得主动权。

婚姻如战场，在女人这一生中最重要的战场上，如果你不幸遭遇伴侣有外遇，那么你将失去的可能是几十万、几百万元的资产，失去的是十年、二十年的青春，还可能影响你孩子一生的幸福。作为妻子，我们一定要在婚姻这个战场上取得胜利，而且要一直赢。

妻子如何在这场战役中获得最终的胜利呢？我从 2500 年前的伟大经典《孙子兵法》中汲取经营婚姻的智慧和策略。

首先，在战略层面，妻子一定要明确婚姻战场的重要性。家庭关系的核心是夫妻关系，而夫妻关系的润滑剂是亲密的行为。

其次，《孙子兵法》强调道，婚姻的道是将家庭（包括家族）放在第一位。我们要让男人为家奋斗拼搏，获得更好的生活条件。以下这种模式是比较合适的：男主外，获取社会资源、财富和地位；女主内，提供家庭的温暖和温柔、甜蜜的怀抱。女人需要学会崇拜和仰慕你生命里的这个英雄。这是妻子与小三最大的差异。小三无论图钱、图人还是图感情，始终无法站在家庭的角度去考量，也就不在道上。

有道无术，术尚可求。有术无道，止于术。妻子在婚姻战中占据道的高度，所缺乏的只是认知和技巧。

接下来，《孙子兵法》提到的天，即时间的把控。 白天，我们扮演着各种角色，如大公主、高管、老板、销售冠军、孩子的妈妈、妈妈的女儿，然而在晚上，在私密空间里，你是男人的妻子、爱人。

再者，《孙子兵法》提到的地，指的是距离的把控，身体距离影响着心理距离。 无话可说的夫妻，很大程度上是因为他们之间的爱已经淡化。性是上天赐予人类的最美妙的本能。性，在很多妻子印象中，认为是男人的欲望、应付交差的麻烦事。其实，从文字构造来看，性字左边是"心"，右边是"生"。性不仅仅代表着男欢女爱，也是高纬能量意识的连接方式。性，可以使人心生智慧、心生能量、心生感恩、心生慈悲。性是男女生命的原动力，是让生命绽放的基石。愉悦的性是相互滋养、彼此成就的过程。

《孙子兵法》中的将，意指女人是幸福婚姻的主导者，女人可以影响三代人的幸福。 一个优秀的女性应拥有5种品质：智（知人与自知，明白自己的优缺点）、信（懂得为男人设定界限，画底线）、仁（菩萨的心肠，如来的手段）、勇（有勇气说"不"的能力）、严（对自己身材和认知严格，保持熵减）。

最后，《孙子兵法》提到了方法技巧。 在婚姻中，即如何为男性提供情绪价值，如何运用撒娇技巧，如何进行高情商沟通，如何控制自己的情绪，让夫妻关系更加和谐与美满。

《孙子兵法》的智慧思想是如此深邃与伟大，同样适用于我们经营婚姻。因为有些妻子囿于传统的认知，所以我要用我全部的力量去唤醒她们沉睡的灵魂。

我是夏天，我要唤醒 3000 万女人绽放自己的光彩，实现幸福的家庭生活；我要帮助女人提升内在力量，绽放外在魅力，让女人活出自己最美的样子，成为旺三代的女人。

2023 年，我刚好 30 岁，我收获了自己的女性幸福事业，同时还收获了爱情与婚姻。我所有成就背后的那个男人，晋王爷，是他用睿智、包容、宠爱呵护着我，引领着我，指导着我，一步一步地走向更美好的未来。更开心的是，2024 年，我将迎来我生命里最重要的一个小宝贝，想想就非常幸福。此时此刻，我是无比的幸福。

我是夏天，智慧、幸福、有趣女人的代言人。我愿意将我所有的幸运、幸福与喜悦分享给此时此刻的你。

回首看，轻舟已过万重山；

向前看，前路漫漫亦灿烂。

即使路很远，要走很久，我们也终将获得自由和幸福。

我们所有的努力是为了活得更加精彩。

生命因梦想而伟大，因梦想而精彩。

人，一定要在心中升起一个太阳。明天，你好！我是夏天，关注我，幸福的路上有我一起前行。

幸运的是，我的内心已经足够强大和稳定，能够帮孩子应对这些情绪和挫折，在我的引导下，他也很快就能恢复乐观的心态和面对挑战的勇气。

从绝望到重生——我如何帮助孩子摆脱休学的困境

■ 香凝

心理咨询师
家庭教育讲师
家庭教育指导师

至暗时刻

对于任何一个家庭来说，孩子休学都是一个艰难的决定。

作为孩子的父母，我们一开始从心底里是不能接受孩子无法上学这样一个事实的。在休学之前，孩子已经断断续续地请假很长时间了。他在学校里日益消沉，无精打采，一进校门就头晕恶心，根本就没法上完一整天的课程。大多数时候，他只能回家病恹恹地躺在床上，似乎整个人都被抽空了气力和精神。

我们不得已给他办了休学。尽管进行了全面的身体检查和心理评估，我们仍无法找到明确的问题所在。看着一个本应充满活力的十三四岁少年，却日复一日地躺在床上，对一切失去兴趣，我心如刀绞。

为了找到问题的根源，我们翻阅了各种相关的书籍，找了咨询师进行心理咨询，学完了中国科学院儿童心理学高级研究班的课程。**在这个过程中，我逐渐认识到，问题的根源在于孩子的心理能量已被彻底耗尽。**

追根溯源

孩子心理能量的耗尽，表面上看是源于学校的学业压力和同学间的排斥，但根本原因在于频繁爆发的夫妻冲突和不当的教养方法。

我也逐渐意识到夫妻矛盾的根源在于我自身。为什么说根源在我呢？夫妻矛盾不应该是两个人都有错吗？我原来也这样认为，但后来我发现，我自身的脆弱、情绪不稳、不会拒绝和缺乏明确的个人边界，这些都是导致我与他人难以维持长久和谐关系的根本原因。

在所有的人际关系中，我总是竭力作出最大让步，以让别人满意为第一准则，完全不会保护自己的利益，也完全没有自己的边界。当对方提出更多要求时，我退无可退，便只好从这段关系中逃离，再也不与对方来往。

在我的父母面前，我尽力做一个顺从听话的女儿；在夫妻关系中，我尽量以丈夫的意见为准。但当父母和丈夫的意见不一致时，我就陷入了困境。

在这种不断的妥协和迎合中，一方面，我全力满足别人，自己的需求得不到满足，情绪总是很压抑；另一方面，我心里又充满了不断累积的委屈和愤怒，因为一点小事儿就会爆发，导致家里时常鸡飞狗跳。

所以我时常有轻生的念头，不知道活着的意义是什么。在别人看来，我是北京师范大学的统招全日制硕士，曾担任部队的文职教员和国家级出版社的教材编辑，也曾获得过中国职教协会的科研一等奖，有很多高光时刻。但这些似乎都并非出于我的本心，而是为了满足社会价值观和他人期待，活成了别人想要的样子，自己却过得无比痛苦和煎熬。

在我自顾不暇的情况下，在孩子的养育上，我无意中采取了一种完全放手的方式。当孩子学习习惯不好，需要指导和帮助时，我也没有及时觉察并采取行动，导致孩子在学习上越来越费劲。而孩子的父亲又过于严苛，总是看到孩子没有遵守时间、没有做好事情等缺点，给了孩子很多批评和指责。

孩子选择了休学，在做了一次又一次的心理咨询、读了一本又一本的心理学著作之后，我终于认识到问题的根源：濒临破碎的家庭和妈妈的自杀倾向让孩子每天惶恐不安，从而失去了安全感；过于严苛和完全放手的两种教养方式，过多的负面评价和落后的学习成绩，导致孩子逐渐失去了自信心；总是被迫按照大人的期望行事，使孩子无法遵照自己的意愿生活，让孩子失去了自主感。这些重要的心理因素，让孩子在学习上感到有心无力，进而受到同学的鄙视，随着这些负面因素的累积，孩子最终被压垮了。

好在我已经意识到自己是引发这些问题的关键，那么只要我努力，就有可能扭转这一切。**为了孩子和我自己，无论有多艰难，我都必须做出改变。**

艰难破局

当我找到孩子休学的根本原因后，我采取了以下措施。

让自己变得强大，为孩子筑起安心之港

在经历犹豫和彷徨后，我倾听自己内心微弱的声音，学完中国科学院儿童心理学高级研修班的课程，考了心理咨询师证书，还获得了全球生涯规划师证书、高考志愿咨询导师证书，尽力去探索自己想要走的路。在这个过程中，我努力屏蔽周围人的意见，自己为自己加油打气，拒绝自我批判，避免自我贬低。我小心守护着心中那个微弱的小火苗，并努力让那个小火苗壮大成一支火炬，照亮我前进的路。

随着我的内心越来越强大，我的情绪也越来越稳定，那些委屈和愤怒逐渐消散了。我开始努力做自己想做的事，如学习、考证、担任咨询师和找老师督导，努力活成自己想要的样子，说自己想说的话，做自己想做的事。我发现当我这样做时，我并没有影响谁，也没有惹怒谁，那些打着为我好的名义的提醒、批判、指责和否定的声音也渐

渐消失了。

我开始刻意练习关注自我，不再去一味取悦别人。 我逐渐认识到，人和人之间是平等的。我们生活在这个世界上，首先要满足的是自己的需求。最好的人际关系是在协商和沟通中兼顾双方需求，达到共赢。

在所有的人际关系，尤其是在夫妻关系中，我开始明确界限，分清各自要做的事情。你的事情你做决定，我的事情我做决定。如果我为自己的事情所做的决定让你不满意，你有情绪是你的事。如果你一定要用发泄不良情绪的方式来表达你的不满，我也不在意，因为怎样表达情绪也是你自己的事。

做好这样的课题分离，使我们夫妻之间的关系得到了改善，摆脱了相互捆绑和互相指责的状态。我们之间有了界限，也有了尊重。我在心理上变得独立，他对我也不再那么强势。

这让我在面对孩子时，能够给孩子一种踏实的稳定感和安全感。我发现，无论婚姻状态如何，只要父母双方都内心强大、活得幸福，并且持续给予孩子爱和关心，孩子就能获得足够的安全感。

鼓励"躺平"，让孩子的能量得以恢复

在孩子休学期间，我鼓励孩子充分休息、彻底"躺平"，以恢复心理能量。我告诉他："在哪里跌倒，就在哪里躺下。即使没有跌倒，累了也可以躺下。"我相信人天生就具有向上向善的本性。当他的心理能量恢复到一定程度时，他一定会对这个世界产生兴趣，哪怕一开始只是对游戏有兴趣，也是好的。一个人对这个世界越感兴趣，就会有越多的心理能量。我希望他像以前一样喜欢游戏、美食、电影、交朋友、阅读、写作、打球、滑雪和画画。学习很重要，但是也没有那

么重要。只要他的爱好足够多，他一定能够在这个世界上找到既热爱又足以谋生的工作。

赋予力量，重塑孩子的自主感和自信心

孩子本身具有高敏感的特质，再加上这样的养育环境和养育方式，导致他非常在意别人的看法。我一次又一次地告诉他："你是自己的主人，你想做什么就做什么。别人的看法是别人的，你不需要去满足别人的期待，哪怕是父母的期待、老师的期待。谁的期待谁满足，那不是你的责任。"

我让孩子看到他的价值是无条件的，我对他说："你的价值是固有的，不会因为别人表扬而增加，也不会因为别人贬低而减少。你的价值不会因外界的评价而改变。"

当我努力让自己的内心变得强大，也努力帮孩子做他自己的时候，我慢慢看到他在好转。他躺在床上的时间越来越少，起来自学的时间越来越多。后来他回到学校，一开始每周能去一两天，当他觉得累了，我们就请假回家。有时候送他到学校门口，等了一会儿，他感觉自己还是没有足够的能量走进校门，我就毫不犹豫地陪他回家。

每天早晨，他自己列计划，做什么由他自己说了算，我只提供必要的帮助和情绪疏导。晚上再陪他复盘，让他总结自己的成败得失。在这个过程中，他的学习一天比一天更高效，生活也越来越平衡，自主感和自信心也渐渐恢复。

慢慢地，孩子在学校待的时间越来越长了。他还参加了学校的很多活动，在学校的毕业典礼上担任主持人。毕业后，他主动为全年级的同学建了微信群，成了一个几百人大群的群主。升入新的学校后，他已经基本可以每周上五天学了。虽然在学习上仍面临很大的挑战，

但是他竭尽全力让自己跟上进度。

当然，这些努力的效果不是立竿见影的，有时甚至会出现反复和倒退。孩子变得更加积极，但有时候也会极度沮丧。他的成绩逐步上升，但有的科目仍会考砸，有些作业偶尔无法完成。幸运的是，我的内心已经足够强大和稳定，能够帮孩子应对这些情绪和挫折，在我的引导下，他也很快就能恢复乐观的心态和面对挑战的勇气。

天命之路

一路走来，我付出了惨痛的代价，也让我认识到自己的天命之路：那就是用我的人生经验和知识积累，去帮助那些厌学、休学的孩子，帮他们重新找回学习的乐趣。当我听那些来访的家长和孩子向我诉说他们的困境时，我能够清楚地看到他们在迷宫中徘徊，我也清楚地知道他们各自的困境和出路在哪里。因此，我决定全身心地投入这项事业中，引导他们走出困境。

通过我的网课、陪伴营和一对一家庭咨询，已经有上百位家长学会了让孩子爱上学习的心理原理和操作方法，解决了孩子厌学、休学的家庭难题。

正因为我曾经掉入深渊，所以我愿意为身处深渊中的家庭点亮一盏灯，照亮他们前行的路，陪他们一同走出困境，重塑未来！

豁达一些、幽默一些,偶尔还可以自称"泥腿子",让困难与挫折来得更加猛烈些吧!

看《论语》,学管理

■ 杨志强

DISC 社群联合创始人
畅销书《出众力》主编
18 年体验式培训设计师、讲师

友者生存 2：世界和我爱着你

纵观整个中国历史，孔子无疑是最具影响力的人物，《论语》无疑是最具影响力的典籍。

可是，《论语》毕竟是 2500 多年前的作品，作为现代人，我们学习《论语》，有现实意义吗？毫无疑问，非常有意义。毫不夸张地说，《论语》深刻地影响了中国人的思维方式和行为方式。通过学习《论语》，我们可以领悟到古圣先贤的智慧，从而使自己更加睿智、心灵更加充实。同时，这种智慧使我们能够以更加成熟和理性的心态面对纷繁复杂的挑战，从而获得一个更加平衡和有掌控感的人生。

目标坚定，知行合一

无论是职场人士，还是家庭主妇（夫），总会遇到各种各样的烦恼和不顺心的事情。这些事情让我们心烦意乱、焦头烂额，甚至让我们感到无比挫败，情绪跌入低谷。

当我们情绪低落、想要放弃的时候，不妨翻阅一下《论语》，看看孔老夫子是如何应对人生中的种种困难的。毕竟，他也是肉体凡胎，并非一出生就是至圣先师，受到世人的敬仰。

孔子出生在一个并不显赫的家庭，父亲早早过世。他年轻的时候，为了生计，做过许多平凡的工作，和今天朝九晚六的上班族并无多大差异。孔子的可贵之处在于，尽管环境恶劣，他仍然坚持学习，志存高远。

他将身边的所有人都视为学习的对象（"三人行，必有我师焉"）。对于那些有学问的人，他更是想尽办法去接近他们，以便向他们请教（"圣人无常师"）。

他胸怀大志，将恢复周礼视作自己毕生的使命。他曾经对学生说："三军可夺帅也，匹夫不可夺志也。"（尽管三军人数众多，其统帅仍然可能被替换；而一个普通百姓，只要意志坚定，谁也不能剥夺他的志向）。

为了让这个礼崩乐坏的世界重守儒家所倡导的道德规范，60多岁（在春秋末期，这属于高龄）的孔子，奔波于齐国、鲁国、卫国、郑国等国。这期间，他遭遇过怀疑、误解、诽谤、饥饿、政敌的攻击以及盗贼的围困。

要知道，他完全可以过上衣食无忧、荣华富贵的生活，当一个安逸的高官，讨好国君，安度晚年。可他偏偏没有，他踏上了一条背井离乡、颠沛流离、朝不保夕的道路，这一切都因为他内心深处怀揣着一个崇高的目标——让仁义大行天下，恢复周礼。

他不仅是一个志存高远的理想派，也是一个脚踏实地的行动派。大约 2000 年后，一个名叫王阳明的年轻人将孔子的这一特质总结为四个字——"知行合一"。

直到今天，我们看众多企业的企业文化或者某个大学的校训时，经常会看到"知行合一"这四个字，它已经成为指导我们行动的共同准则。

率性豁达，笑对人生

在《论语》中，有一段关于孔子和弟子子路间的有趣互动。

子见南子，子路不说，夫子矢之曰："予所否者，天厌之！天厌之！"（孔子拜会南子后，子路非常不开心。孔子于是发誓："如果我有什么不当的行为，让上天惩罚我！让上天惩罚我！"）

孔子当时在卫国任职，南子是卫国国君卫灵公的宠妃。据说，南子是一个权倾朝野且荒淫无度的美艳女人。在子路等学生的心目中，德高望重的孔子不应该和这种女人有任何交集。于是，在孔子拜会南子之后，性格直率的子路对孔子非常不满，甚至闹情绪。

孔子的反应如何呢？

这时候的孔子会极力为自己辩解，是一个有血有肉、会感到委屈、率真率性的普通人。

可怜的孔老夫子，不仅要面对学生的误解和不满，还要承受异乡人的冷嘲热讽。

有一次，孔子在前往郑国的旅途中，与学生走散了，便在街边等待。这时候，有一个郑国人对子贡（孔子学生）说："我在街边看到一个人，他的体型容貌，和你的老师一模一样，那副萎靡不振的样子活像一只丧家之犬，他到底是不是你的老师啊？"子贡将郑国人的话转述给孔子。

孔子听了以后，哈哈一笑，非但不生气，还高度认可对方的比喻，说："然哉！然哉！"（我的确就像一只丧家之犬，就是这样啊！就是这样啊！那个人的比喻真妙啊！）于是，中国成语库里多了一个"丧家之犬"的成语。

贵为至圣先师的孔子，都免不了被误解、被嘲讽，更何况普普通通的我们呢？当人生中的困难与挫折接踵而至，我们无处可避，沾上一身污泥时，不妨学学孔子，率真一些，不就是一点污泥嘛，有啥可怕的？洗净泥土后，继续前行。豁达一些、幽默一些，偶尔还可以自称"泥腿子"，让困难与挫折来得更加猛烈些吧！

推己及人，严以律己

有一次，掌握鲁国朝政的权臣季康子与孔子探讨如何管理民众。

季康子问道："我希望能够赢得百姓的敬畏、忠诚，工作勤勤恳恳，怎样才能达成这一目标呢？"（季康子问："使民敬、忠以劝，如之何？"）

孔子说："对待老百姓的诉求，要严肃认真；对待父母要孝顺，对待子女要慈爱，这样老百姓就会对你忠诚；提拔有德行的人才，教育培养能力不足的人，人们就会相互鼓励，共同向善。"（子曰："临之以庄，则敬；孝慈，则忠；举善而教不能，则劝。"）

注意到没有，季康子习惯"严以待人"，对别人有很多要求，让别人来配合自己（求诸于人），以实现自己的目标（老百姓敬畏自己、忠于自己）。至于作为领导的自己该做些什么？季康子压根没有考虑，也不关心这一点。

孔子则相反，他提倡"严以律己"，多在自己身上找原因（反求诸己），通过以身作则和教化的方式去影响他人。

当我们面对员工或孩子时，与其"哀其不幸，怒其不争"，不妨学习孔子，多从自己身上找找原因。

父慈子孝，有什么样的父母，往往就有什么样的孩子。

上行下效，有什么样的领导，往往就有什么样的员工。

与其总是期待别人如何改变，不如自己率先垂范，树立一个好榜样。通过实际行动的示范，而不是语言上的号召，去影响他人，进而实现共同目标。

实事求是，认真严谨

孔子对周公（鲁国的创立者）怀有无比崇敬之情。年轻的时候，孔子到太庙（祭祀周公的庙）祭拜，并在其中请教各种事务。有人对此表示不解，说道："你不是礼制、礼仪方面的专家吗？怎么大事小事问个不停？这是哪门子的'礼'啊？"（"孰谓鄹人之子知礼乎？入太庙，每事问。"）孔子听到后，坦然回应："这就是礼！"

孔子为什么每件事情都要请教呢？

首先，周公是鲁国的开国国君，也是孔子敬重的人。祭拜周公的仪式流程，不能有一点差错，否则就不符合"礼"，也无法表达他的诚意。因此，孔子事事请教太庙里面的工作人员，确保一切都符合规范；其次，只要是人，就会有知识盲区。关于祭拜的仪式，孔子的确有不了解的地方，他毫不掩饰，不懂就问。

当时的孔子，尽管还没有成为一代宗师，但已经是一个享誉全国的专家学者。他丝毫没有架子，也不怕丢脸，不懂就问，实事求是，深刻践行了他的一句名言"知之为知之，不知为不知，是知也"！

正是这种对事情认真、不敷衍、不将就的治学态度，让孔子成为后世敬仰的儒家圣贤。

毛主席曾说："世界上最怕'认真'二字"。无论是2500年前的儒家圣贤，还是2500年后的革命领袖，他们都用人生经历告诉我们，想要成就一番事业，"认真"二字是不二法门。

融会贯通，保持平衡

无论你是学生、职场人士、基层员工，还是管理者、创业者，接下来这句话都值得我们反复背诵和实践。

孔子说："恭而无礼则劳；慎而无礼则葸；勇而无礼则乱；直而无礼则绞。"这里的"礼"，可以理解为现代的边界、规范、尺度、分寸、距离。

"恭而无礼则劳"是指过度的恭敬，超过了边界，就会让人劳累不堪，甚至徒劳无功。打个比方，你在大城市工作，有亲戚朋友来看你，你肯定要尽地主之谊，请对方吃顿饭，这就是"礼"。但是，如果过于好面子，请吃饭的规格过高，完全超过了自己的经济水平，你的行为超出了应有的分寸，结果只会让自己不堪重负。

"慎而无礼则葸"一句中的"葸"，意指畏缩。过度的谨慎，超过了合理的尺度，别人会认为你是一个胆小鬼，是一个不能承担责任的人。俗语"一朝被蛇咬，十年怕井绳"说的就是这种状态，我们千万不能因噎废食。

"勇而无礼则乱"意指过度勇猛，超过正常的尺度，就会导致混乱。

"直而无礼则绞"意指心直口快诚然可贵，但如果口无遮拦，就可能无意中伤害他人。

儒家强调行为必须适度，所谓"过犹不及"，过度和不足都是不行的，因此要追求恰到好处、恰如其分，"增之一分则太长，减之一分则太短；著粉则太白，施朱则太赤"。

"理论是灰色的，唯有生命之树常青。" 我们学习《论语》，不是为了能够背诵几句名人名言，也不是为了增加一些茶余饭后的谈资，而是为了充分吸收圣贤的智慧，来解决现实中的各种问题。

正如《论语》开篇所提到的"学而时习之，不亦说乎"，我们只有不断实践、反思、修正，在日常生活中磨砺自我、修炼心性，才有可能收获发自内心的快乐，一种因成长和成就而带来的喜悦！

满足感成了我衡量生活质量的唯一标准。满足感就像是一个指路标，影响着我的每一个决定，帮助我在正确的时间点与正确的人做正确的事！

协议人生＝惬意人生

■ 赵靓

天赋定制创始人
个人天赋、企业战略高端定制导师
人类图 BG5 商学院资深导师

协议人生＝惬意人生

对于惬意人生的理解，我可以用我最理想的一天来描述：这是一个星期二的早晨。当晨光悄悄进入我的房间时，我自然醒来。我揉了揉眼睛，环顾四周，感受到充足的休息所带来的愉悦和舒适。身体是放松的，没有压力，不用担心那些等着要我处理的工作邮件或问题。我穿上喜欢的衣服，梳理完毕，惬意地喝杯咖啡，吃个简餐。然后，我会出去散步或进行锻炼，再花点时间与家人在一起。

接下来，我开始工作。回顾昨天的成果，我心生自豪。尽管我昨晚有些疲惫，但感到很满足。现在我又可以开始工作了，内心充满兴奋。我热爱自己所从事的工作，我能感受到能量在内心深处涌动。我开始处理事情，很快我就会沉浸其中。**这一切是轻松的，自然的**。当疑虑出现时，我知道如何处理它们，因为我知道我的潜意识是怎样运作的。我也越来越相信自己的决策，这么多年的实践让我坚信，我可以依赖内在的智慧，跟随它的指引。

我也无须担心银行账户的余额，因为存款总是比我需要的更多。当一天的工作结束时，尽管我能感觉到身体已经准备好了要去做点别的事情，心中却还想继续投身于工作，总想再多做一点。然后我提醒自己，要好好休息哦，这样明天才可以更好地工作哟！这种为了更好地工作而休息的想法，督促着我在感到疲惫的时候可以心安理得地停下来，而不会感到自责。

在某些日子里，我莫名地感到一丝忧郁，我没有去寻找原因，而是选择出去散步，享受一段安静的独处时光。因为我知道忧郁是我内心世界的一部分，也是我创意的源泉，我知道有新的东西就要出现在我的生命中了。最后，我感到累了，就刷牙洗脸，然后去睡觉。在床上，我对自己说，做了这么多事，好累呀，但是真的好满足，好好睡一觉，明天重新来过！

这是我花费了 6 年的时间才逐渐接受并享受的简单的生活方式，我学会了不再对自己苛责，不再拼命努力地去追求一丝不敢松懈的生活。 我感到自己转化成了"创造者"，我现在心甘情愿地跟随内在的能量，去创造、去构建，做一些能给我带来成就感、满足感和使命感的事情。

这样的生活和我过去的生活截然不同。我出生在中国，深受中华传统文化的熏陶，也在严格的中国式教育体制下磨砺。20 世纪 70 年代初，我成长于一个传统的知识分子家庭，那时评价一个孩子是否有出息，主要看学习成绩，而我是那种在学习之外天赋异禀的孩子。

儿时，我听得最多的一句话是："如果你把这股聪明劲用在学习上，考上清华、北大都是有可能的。"然后总是以一声叹气结束。为了不辜负好心人和家人的期望，为了证明自己能行，我拼命地学习，随着成绩不断提高，我也得到了许多赞扬。然而，得意的同时，我内心深处真正渴望的并不是成为众人眼中"学富五车、有出息"的孩子，我一直以来最期盼的是做自己擅长且富有创意的事情，并得到认可和赏识。我甚至梦想着能得到鼓励，有机会将我的小聪明发挥到极致，因为只有这样，我才能获得深深的满足感和成就感。

这之后，我按部就班地走上家长认为的有出息的路。后来，因为在澳大利亚获得了工商管理硕士学位（MBA），我竟然成为家里学历最高的人！在我的商业简历上，也有了在澳洲税务局担任 10 多年高薪高职管理的辉煌经历。我的人生之路看似就顺其自然地走向退休，然后享受退休后的生活。然而，心中那个孩童时代的梦想一直在等待，翘首以盼，期望着退休的到来。**我坚信，那时我就可以踏入人生的新阶段，我可以追求自己真正热爱的事情，过上我向往的生活。**

然而，命运并没有这么安排。我的身体出现了问题，迫使我提前退休。现在回想起来，那场病似乎是我内心深处长久以来的匮乏感的映射，是对在没有找到生命真正使命之前就结束生命的恐惧。

离职后，当我终于可以开始追寻我梦寐以求的生活时，我才发现自己根本不知道真正想要的是什么。为了寻找"我是谁？""我为什么来到这个世界？"以及"我到底是来干什么的？"的答案，我花了两年的时间拜访大师，希望通过修行获得心灵的觉醒。然而，虽然我学到很多知识，也能够很长时间保持静心，但似乎没有任何方法能让我停下来，我总觉得还有下一个，认为下一个可能会是我真正追求的法门。

最终，我找到了答案！我遇到了人类设计这门科学。仅通过简单了解表层信息，并在生活中实践我个人的决策策略，我就深感震撼——**原来人生还有这种活法**！

我学会了耐心等待回应，情绪稳定后再决定是否采取行动。这在过去是难以想象的，因为我总觉得生命有限，等待被我视为浪费生命。然而，令我惊讶的是，在等待的过程中，许多事情我都不再需要去做了。满足感成了我衡量生活质量的唯一标准。满足感就像是一个指路标，影响着我的每一个决定，帮助我在正确的时间点与正确的人做正确的事！我开始接受自己、爱自己和信任自己。我知道自己本自具足，只需要把自己的事做好，让其他人完成他们的事，让每个人都发挥各自最大的价值。我学会了说"不"，不再因为自卑而勉强自己去做我不擅长和不喜欢的事。我不再认为轻松自然地完成事情就代表我没有付出足够的努力。我也明白自己不必为所有人提供服务。我更加深刻地理解了毕加索大师的至理名言："生命的意义在于发现自己的天赋才华，生命的目的是充分发挥这些才华。"我知道那些因我正确行动而相遇的人，都能发现我与众不同的特质。这些认可我、愿意与我一起工作的人，正是我人生道路上的良师益友。

就这样，通过回应每一个当下的召唤，我一步步过上了我曾渴望的美好生活。我终于实现了童年的梦想——在从事我喜欢和擅长的事情时，得到了认可！

我对自己有了深刻的理解，明白了我能为这个世界带来什么，以及在生命的大学里需要体验和学习什么。令我感慨万千的是，原来我所经历的一切，无论是困境还是混乱，都是在磨炼我的剑，旨在通过这些经历和境况来增长我的智慧，获得客观的洞见。如此一来，我方能以独特的视角传递这些智慧，成为独一无二的外在权威。

更神奇的是，我也发现我童年时期憧憬但未能实现的梦想，正是我现在迫切希望帮助他人实现的目标。我想帮助那些渴望被认可、期待发挥自己才华的人们，我深信天生我才必有用，每个人在某个领域都能成为领导者，扮演不可替代的重要角色。这个世界拥有巨大的天才宝藏，只待被唤醒和启发。

然而，有多少人因为追逐"应该做的事情"而忽略了内心的召唤？又有多少人屈服于压力，没有追寻自己真正想要做的事情，过上自己向往的生活呢？又有多少人尽管拥有独特的才华，却因为自己或他人的评判而感到自卑，自暴自弃，认为自己毫无价值呢？然而，这些人不知道的是，有多少人在等待他们准备好去解决只有他们才可以解决的问题。我真的很想大声地提醒这些人：不要让等待你的人等得太久了！

当前的环境充满了不确定性和风险，使人们感到即使不断努力成长，也难以确保稳定。然而，大多数人都能意识到，世界虽然充满挑战，但同时也蕴含着无限的机遇。一些人具备敏锐的嗅觉，能够观察时势，抓住机遇，顺势而为。

由于对失败的担忧，许多人深信成长和拓展是对抗不确定性的关键。他们急切地渴望适应这个瞬息万变的转型时代，但由于未认识到自身的独特才华和天赋，他们陷入了不知道如何实现个人成长的困境。毕加索的话给了我极大的启发，即人生的意义是找到自己的天赋，人生的使命是将其发挥到极致。这不正是关于"我是谁？""我为谁提供什么服务？"的精准回答吗？

为了与生命达成协议，顺应生命之流与这个世界互动，我们需要长时间的实践和信任。我热切期望着一个世界，其中每个人都能做自己喜欢的事情，热爱自己所做的事情，同时在精神和物质层面获得相应的回报。赚钱不再是人们工作的唯一目标，而是通过共同创造和建立深厚的关系，寻找互补的盟友。人们不再相互评判和竞争，而是最大限度地展现每个人的独特价值，鼓励展示个性和发挥天赋，以自己独特的方式与这个世界互动。

> 既然我能健康、安全地活到现在,那么我就应该好好爱自己,全力以赴地生活,才对得起身边爱我的人。

回首我的前半生,我的内心充满感恩

■ 珍妮

前世界500强银行中层

理财规划师

积极热爱生活者

"每个人都是独一无二的，每个人的内在都闪闪发光。"李海峰老师的这句话让我忍不住热泪盈眶。即使我是如此的平凡渺小，并未创造出惊人的成就，但我坚信，在现实生活的严峻考验中，每个人能活着就已是成功。既然我能健康、安全地活到现在，那么我就应该好好爱自己，全力以赴地生活，才对得起身边爱我的人。

1975年农历五月的一天傍晚，我在粤东一个偏僻的小山村里出生了。我的到来让全家人喜极而泣，因为我的出生实在太不容易了。我父亲年轻时毕业于华南农业大学，留在广州一家国企从事会计工作，拥有了干部身份。在我之前，父亲已有两个儿子。按照当时的计划生育政策，家中不允许再生第三胎，但家人都渴望有个女儿。当我母亲怀上我后，她的肚子越来越大，成为村大队计划生育管理人员巡查的对象。在母亲怀孕七八个月时，她遭到了计划生育管理人员的围攻，险些被强迫去打胎。在危急时刻，多亏我奶奶拼尽全力保护我的母亲，她一边护着母亲，一边央求说："都快生了啊，这个肯定是个女孩，生完这个，我们就一定不生了，求你们高抬贵手……"由于我奶奶在村里是出了名的好人，有一定的声望，计划生育管理人员最终放过了我母亲。我勤劳善良的奶奶每天祈求我的平安到来，最终，我奶奶如愿以偿，我平安顺利地来到了这个世界。

在我3岁左右的一个夏日午后，母亲因身体不适，躺在床上休息，我从床上溜了下来，走出了房门，来到了村屋前面的池塘边，并不知危险地走了进去。就在命悬一线之际，刚好有个放牛归来的外号叫"疤子"的人路过。他远远看见我的小脑袋露在水面，急得赶紧跳进塘里，把我拎了起来，救了我这条小命。此后多年，家人每每说起这件事，总是心怀感慨，对我的救命恩人感激不尽。多年以后，善良的疤子大哥成了疤子大叔，他从家乡来到广州打工，偶尔会来我家探望，我们对他的感激之情依旧如初。2023年7月，我回到阔别40多年的家乡。小时候，我觉得屋村前的池塘很大很大，现在再看，它竟然如此之小。村里人都说是因为那时候我个子小，所以才觉得池塘很大。

我的童年冒险仍在继续。1981年夏天，我和奶奶一起坐了一天的汽车，晕头晕脑地来到了广州，与父母和哥哥们团聚。我准备在广州入读小学了，但因为我是超生的，没有户口和学籍，所以我要交高额学费，并以借读的名义上学，与两个哥哥入读同一所小学。由于初来乍到，人生地不熟，开学的那几天，我放学后总是等高年级的哥哥们一起走路回家。大约开学第三天，放学后，我在学校左等右等，都没有等到两个哥哥。这时，一个同班同学走到我面前说："你在这里又没事干，陪我到我家里拿点东西，我再送你回学校等你哥哥吧。我家很近的，很快就可以回来。"作为一个刚从乡下出来的小孩，我只会几句简单的粤语和普通话，当时没有想那么多，就跟着她去了。她住在一个小巷子里，在巷子门口，她和我说在这里等她一下，她拿了东西很快就出来。谁知道我等了很久，都没见她出来。我开始慌了，怕哥哥们在学校等不到我会着急。于是，我就想凭着记忆走回学校，结果却越走越迷失了方向，走不回学校。天渐渐黑了，我茫然地走在马路边的骑楼下，边走边哭，嘴里不停地念叨："观音菩萨保佑，观音菩萨保佑……"这是奶奶在家乡教给我们的一种护身符般的祈祷，凡是遇到困难，我们都要请求大慈大悲、神通广大的观音菩萨能够显灵，得到她的救助。就这样，我一边走一边哭，一边害怕一边用家乡话喃喃自语，忘记了饥饿，忘记了疲累，忘记了走了多久……后来据我回忆，我从下午四点多，一直走到晚上九点多，从解放路走到沿江路，再走到北京路，最后在中山三路附近来回兜圈。我边哭边疑惑，怎么又走到这个地方？刚才我好像走过了呀。因为到了那里，我一直没过马路，所以都在一个地方兜圈。记得那时天完全黑了，路灯也不太多，店铺都关了门，我感觉眼泪都哭干了。就在同一个地方，我来来回回走了好几圈。这时，奇迹发生了！我竟然遇到了出来寻找我的两个哥哥！我哭着跑向他们，我们紧紧拥抱在一起，真是人间奇迹啊，观音菩萨显灵了！我带着未干的泪痕跟着两个哥哥坐着电车，回到了杉木栏路的家里。惊魂未定的我见到满屋子的人，有老师、邻居、父亲的同事，大家正在商量，准备要报警了。我失踪后，家里人都焦急地在学校附近寻找，班主任也赶来一起寻找。那个年代还没有手机，我家里也还没有座机电话，要到外面去打公用电话。大家都为了寻找失踪的我而聚集在我的小家里，这一幕至今仍然深刻地印在我的脑海里。

多年以后，每次说起这件事情，大家都说是不幸中的万幸，万幸没有碰到拐骗小孩的坏人，不然就没有现在的我了。后来，我有了自己的孩子，在她3岁左右，我就教她背熟报警电话，迷路了要找派出所，找警察，这一切都是源于我童年时期的那段经历。

小学读了一个学期，通过学校体检，意外发现我患上了急性肝炎，必须休学治疗，因此我就回家休养了一段时间。我喝了无数剂中药，母亲还不定时会煲些草龟汤和清热解毒的汤药给我吃。在奶奶、父母、哥哥们的照顾和庇护下，我无忧无虑地成长。经过一年的治疗，我病好后重读一年级。我喜欢看书，特别是那个时候有很多小人书，如《西游记》《红楼梦》《聊斋》等，我也喜欢跟着两个哥哥去图书馆，看了很多中外名著和励志人物的传记。

懵懂的我从小目睹父母的勤劳、善良和艰苦努力。我在读中学时逐渐懂事，体会到父母的不易和家里的困难。全家主要靠父亲微薄的工资以及母亲打散工的收入生活，需要供养三个孩子读书，日子过得紧巴巴的。在中考前，父亲建议我报考中专学校，虽然我的成绩优异，足以进入重点高中，但父亲认为家里供不起三个孩子都上高中和读大学，他解释道，中专毕业后可获得干部身份，还包分配工作（我中专毕业那年是国家最后一年包分配工作）；作为女孩子，找一个稳定的会计工作，嫁个好男人就是最佳选择。虽然我表面听从了父亲的意见，但心里觉得父亲重男轻女。回想起小时候他的严苛、古板，有时甚至会打骂我们，我只想尽快地离开家里，读中专可以寄宿，所以我最终接受了父亲的建议。

直到我40岁，我才理解了父亲的良苦用心。在这里顺便介绍一下我的父亲，他是一个伟大的人物。他9岁丧父，奶奶一个人把他养大，我们家曾是村里最穷的一户人家。父亲从小勤奋好学，但因经常吃不饱饭，导致营养不良，他的身体异常瘦弱。他小时候没有牙刷刷牙，就跑去河边拿些沙子来磨牙，把牙齿都磨坏了，不到20岁就开始掉牙齿，吃尽了苦头。即便如此，他依然顽强自立，勤奋好学，成绩始终名列前茅，后来考上了华南农业大学。他是出了名的孝子，对奶奶体贴入微，奶奶有哪里不舒服，他第一时间带她去看病。为了能照顾奶奶，他在老家找媳妇，以方便沟通和照料。单位分房子时，他特地要了一楼，以方便奶奶，不用爬楼梯。奶奶80多岁时，半夜起来摔了一跤，摔断了大腿骨，卧床多年。由于长期卧床，导致背后长了个大褥疮，在医院做手术，要把腐肉挖出来，医生说都可以看到她的骨头了。那一刻，我看到坚强的父亲忍不住流下了泪水。

中专毕业后，在父亲的引荐下，我去了银行工作，遇到了很多工作上的良师益友，也凭着自己的认真负责、勤奋努力和对业务的钻研，我不断提升自己，经常加班加点，还晋升至中层管理岗位，但也让我落下了一身的职业疾病。在工作的同时，我没有放弃学习，通过成人高考完成了金融本科课程，并获得了相应的学历证书。同时，我还积极学习技能，获得了会计和经济类的有关证书。

在我 36 岁的本命年，原以为建立在完美爱情基础上的婚姻，却因为丈夫的背叛瓦解了。我痛苦万分，整个人暴瘦了一大圈。原来，人心是会变的，爱你的人也是会变的！在那些痛苦的岁月里，我晚上经常失眠，做噩梦，白天精神恍惚，有时头痛欲裂。我不断审视自己的过往，寻找内心的自我和治愈自己的方法，还看了很多书，其中曾仕强的《人性的弱点》让我对这个社会和人性有了较深的认识。父母原计划去加拿大探亲半年（我的二哥一家已移民加拿大），父亲见我如此状态，立即决定通知二哥停办探亲手续，留在广州陪伴我，并照顾我的女儿。亲人和好友一直陪伴在我身边，与我聊天，化解我心中的烦恼。38 岁那年，我遇到一个向我表达爱意的男人，但我心存戒备，不敢轻易地再次步入爱情和婚姻的殿堂。也许时间是治愈一切苦痛的良药，随着时间的推移，我身边这位男士始终坚定地陪伴在我的左右，他帮我照顾孩子，将孩子视如己出。在他的陪伴下，我的精神状态得以慢慢恢复，再次相信这个世界还有美好的爱和情谊。**原来，这个世界上总有人悄悄地爱着你**。在 2020 年我生日那天，我们喜结连理。正如我在网上看到的一段话："无论你遇见谁，他都是你生命当中该出现的人，绝非偶然，他一定会教会你些什么。"**因此，我也始终相信，无论我走到哪里，那都是我该去的地方，经历我该经历的事，遇见我该遇见的人**。

当你不再为外界的负面评价所动，不再追求面子，不攀比、不计较，而是专注于自己的事业时，你将真正走向成熟与强大。正是这些年的经历和磨难让我不断成长，并学会了好好爱自己，无论遇到什么困难，都能乐观面对。同时，我坚持做一个好人，善待身边的每一个人，善念善行，天必佑之。

40 岁时，我决定离开舒适圈，尝试创业。我看好某品牌儿童学习功能桌椅，选择了加盟的方式，在广州某商场开设了第一家加盟店。在创业过程中，我边学习边摸索，但创业两年后就以亏本告终。我对自己说没关系，这些经历都是我的宝贵体验。然后，我重新回到职场，成为上班一族。

2022 年，我所在公司的业绩开始走下坡路，到了 2023 年 7 月，由于公司裁员，我失业了。48 岁，又是我的一个本命年。现在，我的孩子即将面临高考，丈夫的每月薪资也下降了 30%，但好在一家人健康平安，团结开心，我就心满意足了。然而，我始终怀有一颗渴望工作、追求事业的心。因此，我通过应聘进入了一家大型保险公司，以空杯和清零的心态去学习和挑战自己。我再次起航，用我的专业、诚信和爱去帮助有需要的人，相信信念的力量，我将珍惜我后半生的每时每刻。

回首我的前半生，我无比感恩每一位出现在我生命中的恩人和贵人，正是因为有了他们的爱，才成就了独一无二的我。让平凡又渺小的我不再畏惧人生的风风雨雨，内心充满平静而又强大的力量。

从现在开始,当好自己人生的CEO,以开放、积极、主动的心态去拥抱变化,利用自己的优势和核心竞争力找到正确的发展方向,持续地学习并让自己不断成长,坚定地走下去。

变化的时代,职场人士应该如何更好地应对?

■ 周颖(Sindra)

职业生涯规划师、复旦大学管理学院企业导师
有逾 25 年四大审计工作经验、世界 500 强外企财务高管
中国注册会计师、英国特许公认会计师公会(ACCA)与
澳大利亚公共会计师协会(IPA)资深会员

友者生存2：世界和我爱着你

众所周知，随着国内外环境日趋严峻复杂，我们现在身处一个充满变化的时代，已从乌卡（VUCA）时代走向了巴尼（BANI）时代。

BANI时代的各种不确定性比VUCA时代更大，更加脆弱（Brittle）、让人产生焦虑（Anxious），未来的职业世界也会变得越来越非线性（Nonlinear）和不可预测（Incomprehensible）。

非线性是相对于线性来说的。所谓线性，是指简单的因果关系，比如只要制作一份出色的简历，就能获得工作机会。后来发现即使简历写得很好，投递了两三百家公司，也不知道会被哪一家录用，这就是非线性的体现。在职业规划和个人发展战略等方面，非线性现象同样存在。

现在的职场人士或多或少都有一些不安全感，主要是因为工作环境的变化。如今，我们究竟身处一个怎样的职业世界呢？

在过去的企业环境中，若员工选择管理路线，从基层开始做起，一直晋升至主管、经理、总监，最后做到总裁职位，一路走来目标明确，员工也有预期，知道自己下一步的目标是什么。随着职位的不断上升，通往金字塔尖的难度也越来越大。

随着时代的发展，这种"一路向上"的线性职业发展路径便慢慢开始向职业网格化转变，企业所处的环境更像是一张生态网，要在这张生态网上找到自己的定位并不容易。这个定位点很有可能会向上、横向或向下移动。当一个人在这张网上找不到自己的定位时，就会感到迷茫。

因此，在这个充满变化和不确定性的时代背景下，面对职场工作环境的变化，我们每个人需要具备应对和适应变化的能力，从而更好地把握自己未来的职业发展方向，让自己在快速变化的经济大环境下始终保持竞争力和活力。

变化的时代，职场人士应该如何更好地应对？

作为一个资深财务管理工作者，经常有年轻的职场人士向我寻求关于个人职业发展的建议。我一直热衷于在高校和财务专业团体机构分享经验，借此机会，我整理出以下几点关于如何在职场中更好地应对职场变化的个人心得和体会，希望对那些期待在职场上取得更好发展的人们提供一些帮助和启发。

第一，保持开放和积极主动的心态

在不确定的时代，我们需要保持开放的心态。所谓开放，指的是在面对外界限制时，个人所展现出的适应性和灵活性。因为人们经常会自我设限，认为自己无法做到或掌握新事物，困住我们的往往不是资源和机会，而是我们的认知。要知道，任何外界的限制都是对我们适应能力的考验。在职场中，当面临岗位工作内容发生变动时，就要问自己，这个岗位的底层能力是什么？我还能发挥哪些优势？它能在哪些方面带给我成长？以一种开放的心态迎接变化。

另外，职场上比较成功的人，他们大多有一个共同的特质，就是做事特别积极主动。他们主动要求参与具有挑战性的项目，主动抓住一切可以学习和积累经验的机会。有句话说："在主动与不主动之间，生命资源相差 30 倍。"因为前面的每一步都是后面的基础，前面的差距有 30 倍，后面就有可能放大成 90 倍。因此，在这个变化的时代，我们要主动把握机会，快速试错，才能高效地提升自己。

第二，培养可迁移的技能，专注挖深井，打造自己的核心竞争力

所谓可迁移的技能，就是指你更换工作岗位、公司或者行业赛道

时，仍能助力你保持职业发展优势的能力。大部分的软技能，如沟通能力、解决问题的能力以及协作的能力，都是可以随时迁移的。

以从四大会计师事务所的审计岗位转行到投资基金公司为例，之前所积累的沟通、表达及理解客户需求的能力可以带到新的工作岗位上继续发挥作用。因为这些能力的底层逻辑是相通的，从效能角度讲，可以让你更快地适应新的环境。

什么叫核心竞争力？就是指你的核心优势、核心能力，具有不可替代或者稀缺的技能。 例如，掌握 Python 编程和 Power BI 财务分析技能的人，就比只会用 Excel 做财务分析的人更具有竞争力。

在未来相当长的一段时间里，职场红利可能不会像过去十年或二十年那样迅速增长，而是会放缓节奏。在这个时候，每个人都要重新审视自己的职业定位，努力变得更深入、踏实和全面，就像一个技能全面的六边形战士。专注挖掘自己的优势，做精做专，并打造自己的独特价值和核心竞争力。

第三，培养快速学习的能力并保持好奇心，持续学习

快速学习的能力是指随时可以跨界，快速适应新环境的能力。 它不是单纯对知识的学习，包括看书和听课，而是如何运用所学知识来理性地解决问题的能力。现在很多企业在招聘中高层管理人员的时候，特别看重候选人的快速学习能力。结合自己过往的经验，拥有快速学习能力的人可以更高效地把握行业的特点和需求，充分发挥自己的优势。

另外，眼光一定要放长远，对一些新兴行业要多加关注和学习，

如最近比较多提到的 ESG（环境（Environmental）、社会（Social）和治理（Governance）的简称）和可持续发展等新兴领域。也许有的人会觉得这些领域距离自己挺遥远，但那些在职场上进步很快的人往往都保持着持续学习的习惯，从而获得了更大的自我提升。同时，时刻保持一颗好奇心也是持续学习的重要动力，它还会激发你的学习热情。

第四，成长注定是个复杂的过程

在这个时代，最不能忽视的就是个人的持续成长。我们通常说，成功是一场有限的游戏，而成长是一场无限的游戏。在一个经济增长放缓的时代，我们必须使自己变得更加复杂和多元化。尽管我们都喜欢简单、易理解的事物，但成长就意味着变得更加多元化、增强韧性，拥有更多的创造力和可能性，并为个人的发展和学习预留更多的时间。

尤其对于职场新人来说，不要因为工作的琐碎和重复而停止自身的成长。确保每一项经自己手的工作都能高质量地完成，实际上是对自己职业生涯的最重要的保障。在此讲一段我自己的亲身经历吧。

大学毕业后，我便进入四大会计师事务所，从事审计工作。新入职事务所的初级审计员都有一个亲切的称呼——"影帝"或"影后"，其实不是真正的影视明星，而是用了"影"和复印的"印"谐音的幽默说法。我们的主要工作是协助审计，包括复印客户的会计凭证、会计资料、财务规章制度等。有些人就会抱怨这些工作无聊、琐碎，不能发挥自身价值。其实，每一次复印，都能让我们看到一些比较完善的规章流程、内控制度等，这也是一个自我提升的学习过程，对我们以后在企业做财务管理而言是一种很好的准备。

此外，还有一项比较花时间、琐碎且重复度高的工作就是校对各种报告。虽然审计经理或合伙人已经修改过报告多次，校对过程重复且枯燥，但如果真正用心的话，可以从中学习到很多宝贵的经验，比如专业的排版格式、中英文双语用词上专业的表达等，是一个很好的锻炼技能的机会。这些对我接下来二十多年的财务管理工作十分有帮助，尤其提高了我在展示汇报时所呈现出来的专业水准，让我获得了很多的认可和赏识。

所以，真正的职场价值不是由岗位决定的，而是取决于个人的用心程度。对于一些职场新人来说，在当前岗位上可以做一些积极的复盘，看看可以做些什么，还能学习到一些什么技能，记得要认真做好每一件琐碎的"小事"。

第五，快速行动胜过过度追求完美

许多人会有完美主义倾向，总是等到一切准备就绪后再出发。通用电气前 CEO 杰克·韦尔奇曾说过："若你一定要等到完美答案再去行动的话，将会错过整个世界。"**那些在职场上发展比较好的人，都是以行动为导向的，他们先快速行动，小步快跑，边跑边调整，在行动中不断迭代，而不是过分去追求完美。**

当机会来临时，我们就要抓住它，而不是说"我还没有完全准备好，等我准备好后再考虑"或者"先去读个研、读个博再来看吧"。尤其是我们身处变化的时代，更应该适应快速变化的环境，做出相应的决策。在考虑职业转型时，你需要认识到做任何事情是因为你真正想要做，而不是因为想要达到某种完美结果。如果把这个结果看得过重，或过于追求完美，往往很难迈出行动的第一步。

第六，也是最重要的一点，坚持长期主义

坚持长期主义的最典型代表就是股神巴菲特，我本人也是长期主义的拥护者和践行者。不论是学一门技能还是实现个人目标，都不可能一蹴而就，而是需要不断练习、积累经验和经历成长，只有付出努力，才能达到水到渠成的效果。

因此，当你用一两年的时间来思考自己的职业发展时，你会发现周围全是竞争对手，但是当你以十年的时间来思考自己的未来发展时，你会发现只有自己一个人，没有对手，连时间都会成为你的朋友。

最后，**在变化的时代，每个人都需要当自己的CEO，掌握自己人生的方向盘，把握自己未来的职业发展之路。**

从现在开始，当好自己人生的 CEO，以开放、积极、主动的心态去拥抱变化，利用自己的优势和核心竞争力找到正确的发展方向，持续地学习并让自己不断成长，坚定地走下去。这样才能在变化时代的大潮中，让自己走上发展的轨道，在职场上收获更多的成功。

> 幸福的人生除了个人成长和身心愉悦之外，还离不开投资理财。

你的内在特质，决定了你投资理财的起点和高度

■ 梓亮

逾15年家庭资产配置专家
香港知名大学特聘校外导师
国际职业生涯发展认证师

幸福的人生除了个人成长和身心愉悦之外，还离不开投资理财。投资理财产生的是被动的"睡后"收入，相比出卖有限时间的主动收入，是普通人实现财务自由的必经之路。

然而，传统的投资理财之路往往不像人们想象中那么美好，甚至可能布满荆棘和险阻。很多人潜心投资十余年，屡败屡战，他们不可谓不用心，但结果一言难尽。**殊不知，他们一直以来的真正对手不是投资本身，而是自己。**

投资理财，首先要以人为本

投资理财涉及的标的，包括但不限于银行存款及理财、保险、债券、基金、股票、商品（如黄金）、期货期权等。传统的投资选择往往关注的是标的物的风险，即你能承受多大风险，就选择对应风险的标的。

这种将风险作为主要考量的选择方式，维度单一，过于强调标的物，而忽略了人内在的特质。在如今个性、开放的时代背景下，充分考虑人的因素，以人为本才是投资理财的首要前提。

投资理财之路必须顺应自己的天性、风格和行为方式，进一步契合自身的能力和价值观。原因很简单，**投资理财最大的敌人，其实是我们自己。**违逆天性，终难成事！

十七年投资沉浮，峰回路转终顿悟

我的投资之路始于 2007 年，当时市面上除了银行和保险产品之外，股票是为数不多的投资选择。基于对投资的热爱，我在工作之余，全身心投入股票研究。我认为自己不仅仅有一腔热情，还有着独立思考和认真细致的习惯和做事风格，多年的"学霸"经历让我深信自己能在股市中有所斩获。

于是我多方学习股票知识，选择了最能利用我分析能力的股票趋势流技术，深入研习。我花费了整整 3 年时间，几乎阅读了市面上所有的股票技术图书，并做了大量笔记，反复总结、推演，投入短线实战。然而，现实却残酷地给我当头棒喝，我在实战交易中屡屡受挫，本金损失大半。

当时的我深信是自己学艺不精，于是主动拜师学艺，先后花费近十万元，学习相关课程，想站在巨人的肩膀上提升自己。我还购买了股票软件参照研究，刻意训练。但事与愿违，十年来我虽有盈利，却总难逃过大跌，尤其在 2015 年"股灾"期间，损失惨重。

直至 2017 年，我第一次开始怀疑自己是否真的适合做股票。其实我从一开始就很清楚自己存在的问题：一是过于追求买卖成功率；二是止损犹豫，不果断；三是内心深处对短线投机仍有抗拒。但花费了整整十年时间，我还是无法解决这些问题。

我天性追求完美，善于分析，总试图精准预测短线涨跌。虽然经典著作告诉我，市场短线是"投票机"，难以预测，但我不能因此放弃我的天性。也正因为短线涨跌无法通过分析得出精准结论，所以每当止损时，我总认为结论不明，心存侥幸，导致亏损加剧。这似乎意味着，我不得不舍弃自己的投资之路。

在寻寻觅觅之间，来到了 2018 年，我在投资的基础上涉足职业生涯规划，同时成为一名职业规划师。经典生涯领域关于**兴趣、能力、价值观三大维度**的内在探索，为我打开了新投资之路的大门。

投资兴趣我有；我的分析能力在短线投资中难有用武之地，因此我选择从事长线投资。长线投资重视股票的内在价值，其"称重机"特性让我能够充分发挥分析优势，准确判断股票的"重量"；我的决策和执行能力因过于细致而无法做到"快刀斩乱麻"，长线投资正好为我提供了充裕的时间来完成决策和执行；我的价值观与短线投机不匹配，那就只做理性的价值投资，深度契合内在价值观。

此时此刻，我恍然大悟，原来当内在特质与投资标的深度契合后，一切都变得如此通透。为此，我为自己定制了一套新的投资方案：**一是坚定放弃短线交易；二是坚守长线投资**，同步学习价值投资理论，在未找到合适股票前，优先投资指数或股票基金；**三是不盲目跟风高估值股票，只做符合价值观的理性价值投资，并通过资产配置组合和估值再平衡（详见下文），真正降低风险、提高收益。**

顺应天性，让我真正做到了扬长避短，实现了投资领域的厚积薄发。凭借十余年的投资功底，我在2019—2022年分别获得了35%、51%、16%和−5%的投资收益率，复合年化收益率高达22.4%。

"3+1"内在特质模型详解

2019年，为了更科学地识别每个人的内在特质以匹配投资标的，我结合经典生涯领域的兴趣、能力、价值观三大维度以及深入浅出的DISC人格理论，构建了一套科学的**"3+1"内在特质模型**。

在"3+1"模型中，兴趣是投资的驱动力，关乎投资是否能够持之以恒；能力需要匹配不同的投资标的，避免眼高手低；价值观则是判断自身价值取向与投资理念是否契合。这三种特质不必全部匹配，但至少有两种特质需要满足。

"+1"指的是经典DISC理论的人格特质，包括D指挥型、I影响型、S 稳健型、C 思考型四种。其中，D 型人注重效率和结果，具有决断力，倾向于快节奏的决策和行动。若投资能力匹配，他们在投资中更容易适应短线交易，甚至期货等高风险投资也是选项之一。I 型人喜欢社交与分享，善于表达自己的想法和情感，在论坛和沙龙等场合的交流能够促进投资能力的提升，投资标的如与自己兴趣相合，则更为适宜。S 型人性格保守且有耐心，决策和行动相对较慢，投资中更适合长线投资。若具备投资股票的能力，可通过资产配置组合大幅降低风险。C 型人则典型如我，上文已有详述。

需要注意的是，在匹配内在特质与投资标的时，应防止过犹不及。如果说我十年间一直在与自己的天性作斗争，那么我的一位客户晴姐则截然相反。晴姐性格属于 DISC 人格中的 S 稳健型，她在投资理财领域将保守、耐心的特质发挥到了极致。

市面上只有银行存款和保险符合她的眼缘，最终她选择了保险。原因有二：一是银行存款在法律上只保底 50 万元，而保险产品，即使保险公司破产，对于人寿保险和长期人身保险，也不会损失，更加有保障；二是银行存款通常最长 5 年，她的耐心让她倾向更长期甚至终身的保险产品。于是，她在保险的道路上越走越远。从 2019 年起，她接触到了站在客户立场、代表客户利益的保险经纪人，在保险经纪人全市场、多品种、跨公司产品对比下，她因过度追求保底，一次性高配了人寿险、重大疾病险、商业医疗险和意外险四大险种，并新购了养老年金险、增额终身寿险和分红险，累计保额超 850 万元，每年保费超 20 万元，几乎与可支配收入持平。

过于保守的选择，因过度投资，让晴姐喘不过气来。这里并非说保险不该配置。作为保障托底产品，在未来突发状况发生时，保险能让我们在经济上获得充足的补偿，是首要配置的资产。然而，**保险最**

大的意义是保障而非增值，再动听的收益承诺，也是精算师精密计算后的产物，长期收益难以跑赢通货膨胀。

任何事情都是过犹不及，顺应天性也一样。一味追求保守、稳定、单一的资产，势必会失去其他让资产增值的机会，这也正是经济学中著名的机会成本。

通过对晴姐的内在特质进行深入剖析，并评估她的投资水平，我为她匹配了符合她稳健和耐心特质的三类资产配置方案。首先，建议停止新购保险，在条件满足时，以高性价比原则对现有的保险产品进行置换，在不影响保额的同时，大幅降低保费；其次，将现有的收益型保险视为具有债券保本保息属性的第一类债券资产，纳入资产配置；再次，按照稳健偏保守的比例进行第二类宽基指数基金投资，同时，兼顾晴姐的喜好，将第三类实物资产定为黄金；最后，通过半年定期再平衡，进一步降低风险、提高收益。

资产配置组合与再平衡操作

通过"3＋1"模型挑选出合适的投资标的后，还需进行资产配置。由于股票、商品、期货等投资品种风险较高，单一标的存在较大的波动性和回撤率，普通人未必可以承受。著名经济学家布林森、胡德、比鲍尔在联合发表的论文《资产组合业绩表现的决定因素》中指出，资产配置对投资组合收益的贡献高达91.5%。在我和晴姐的案例中，正是通过有效的资产配置——配置低相关或不相关的资产，大幅降低了单一标的的风险，有效规避了"黑天鹅事件"，为此仅略微牺牲了投资收益。

资产配置组合后的关键一步是进行再平衡操作。再平衡的神奇之

处在于，它在大幅降低风险的同时，无须牺牲收益，甚至能够提高收益，如同"免费的午餐"。这是因为它通过定期再平衡或估值再平衡两种方式，卖出"贵"的资产，买入"便宜"的资产，真正实现了低买高卖。值得注意的是，资产配置和再平衡操作同样需要符合个人的内在特质。

写在最后：家庭配置不只资产，还有教育

对于家庭而言，资产配置固然重要，但子女教育配置同样不可或缺。教育决定一个人的出路，能够改写命运，在当今相对平等的时代，尤为关键。很多家庭为了子女的未来，选择远离"内卷"的大环境，去海外留学，但是海外留学要面临文化差异、距离遥远及费用高昂等问题，未必是理想之选。

在教育配置方面，我深入研究了中国香港的高校。相比海外，香港文化接近，毗邻内地，教育环境优良且费用较低，有5所高校位列QS世界大学排名前100。通过香港特区政府的各类人才计划，子女可以享受丰富的教育资源。以难度较低的DSE（香港高考）报考香港或内地高校，或者通过较为简单的港澳台联考申请内地高校，具有明显优势。

以内在特质驱动投资理财和家庭配置，**本质上是尊重自己、热爱自己的生活态度**。请你相信，热爱你的不止你一人。作为投资理财规划师、职业生涯规划师、教育配置践行者，我将秉持专业精神，倾注热爱，未来之路与你共行！

艺术的本体如果像太阳，那么艺术的各种创造形式所释放出来的能量就如同光，为世界带来光明和温暖，展现真正有价值的美。

品牌生命力：商业价值的表达与美学思考

■ 冯心台

商业品牌故事片导演、品牌艺术顾问
英国布里斯托大学戏剧系文学硕士
100 多名明星、艺人品牌影像创意导演

品牌生命的诞生

在浩瀚无垠的宇宙中,生命就如同色彩斑斓的焰火,将这个世界点缀得华彩多姿。**无论是个体的独特唯一,还是宇宙的大同合一,都蕴含着无限的智慧和魅力。**

在商业艺术的世界里,每一个由创意和灵感孕育而生的品牌,从诞生的那一刻开始,就踏上了一次寻觅璀璨光芒的价值之旅。每一个创意的闪烁都是品牌个性的绽放,以独特的旋律,演奏商业的交响乐;散发淡淡的香气,令人陶醉;历经时间的沉淀,酿造醇香美酒;在时空记忆的情感交融与曼妙共舞中,寻找心灵的温暖,令人回味无穷。

作为一位商业影像导演和品牌艺术顾问,我仿佛沉浸在商业创意的宇宙中,触及品牌的灵魂,聆听品牌的脉动,唤醒每一个感官,探索并体验品牌生命的奥秘,创造令人期待的品牌生命力。

商业艺术的瑰丽

在十多年的拍摄商业影像从业经历里,我拍摄了 200 多个国际品牌广告,拍过 100 多个明星艺人,脚步遍及全球 40 多个国家。从制片人、商业监制到独立导演,在互联网时代,我为很多知名品牌担任过品牌艺术顾问,见证了一个个商业品牌的瑰丽传奇。

· **如何记录一个百年企业的文化传承?** 将最核心的品牌资产,从创始人到团队资产、产品价值展现出来,全方位激活品牌的生命力,见证品牌到达行业顶尖地位的过程。

·如何通过商业创意打开局面，帮助企业在线上创造 10 倍高客单价值，在线下获得倍增销量？关键在于打开创始人故事的影响力开关。

·如何通过集结全球艺术家资源，构建虚实结合的视觉影像，获得国内国际行业嘉奖，探索电影编剧与营销联合的神奇魅力？

当越来越多商业艺术的画卷在我眼前展开，我发现品牌是大众生活中点燃力量的火种，是点亮梦想的关键，这更激发了我对商业艺术的热情，去探索商业艺术家真正的内功，就像找到一把金钥匙，帮助更多客户打开梦想世界的大门，共同演绎新世界的精彩。

为什么是我？

随着我与越来越多的客户展开合作，我迎来了更多信任与主动联系合作的机会。这些机遇不仅是由于时间和经验的积累，更是因为信任与口碑的传递。

如果将品牌比喻为一个生命，那么赋予这个生命传奇，注入品牌真正的生命力与美，需要一个真正懂得营商美学、承载智慧能量的商业艺术家。选择正确的商业艺术团队，对品牌的发展至关重要。我不断思考，如何让自己成为市场中最合适的人选。

为什么是我？在客户品牌的生命里，我是一个什么样的身份？

如果我要帮助品牌的生命变得独特，我如何成为那个与众不同的独特存在？

独特的艺术探索和生命直觉

多年的积累和磨砺，激发创作的能量，融入自然宇宙的灵感，拓展品牌的广度与深度。

专业经历与视觉能力

丰富的专业经历和敏锐的商业直觉，理解客户价值，提供实现梦想的多元解决方案。

高级审美表达

注入对美的独特理解，通过有趣而有吸引力的方式与客户沟通，融合心理和情感互动的故事模型，既理性又感性。

品牌内容营销创新

理解内容营销、品牌创意内核、商业价值目标，贴合互联网时代，构建更加前沿、有效的智能营销体系。

在商业技术日新月异的发展中，我努力寻找表达自己个性的艺术语汇，以传递品牌生命力。我的镜头记录着生命的细腻，捕捉品牌背后真实的灵魂。这种探索不仅仅是工作，更是对生活和创意的深刻思考。我在作品中注入了对美的独特理解，致力于创造兼备视觉瑰丽和情感深度的艺术作品，让商业与艺术取得平衡，和大众更有温度地沟通。

艺术视界的探险

当商业艺术的事业变成一种信仰，我在记录更多品牌故事的旅程中，也在自我心灵探索中逐渐形成一种艺术的直觉，将每一个品牌视为一个生命。

我能够成为一位导演和艺术顾问，创立商业艺术品牌，与更多主动和多元的品牌艺术合作，也有充满勇气和探险的人生旅程。我自幼受到艺术熏陶，展现天赋。小时候，父母培养我对书画的爱好，慢慢指引我走向艺术领域。工作多年，结缘影视创作，并在工作多年之后赴英国名校布里斯托大学（University of Bristol）戏剧系主修影视制作专业，获得影视制作文学硕士学位。

记得留学那年，我正巧是 30 岁，特意去了剑桥大学，漫步在那座充满历史沉淀的学府里，古老而庄重的建筑，每一块石头上都镌刻着岁月的故事，仿佛在述说着文化的传承。徐志摩的诗，在心头回荡，近在眼前。**那一刻，我沉浸在丰富的视野与情感中，仿佛见证了一次艺术信仰的约定。**

回国后，我在国际影视公司积累影视制作经验，先后担任导演、艺术总监、制片人，合作过国内外优秀的导演、明星演员，参与制作的商业类影像作品获得过国内外行业大奖，这让我了解了很多国际导演独特的审美视角和创作方式，熟悉了专业的国际化创作体系，积累了丰富的制作资源。在我有机会转型做独立导演拍摄商业项目时，积累了视觉创意的经验，特别是审美价值。

我非常热爱旅行，在开展各类国际合作和旅行时，我去了 40 多个国家，更多的是向外探索世界。在从事影像创作以及创意写作时，则走上了对内在世界的探索之旅。

在探索的第一堂课上，导师拍拍我的后背，对我说："你有出色的才华和能力，但是那些都在你的头脑里，你是否真正感知过心的力量？"

这一句叩响心门的话语，成为我探索内在旅程的指引，提升了艺术的觉知。在商业管理的人生之旅上，似乎有股力量在慢慢推动生命的车轮，我从高管的职位，一步步地创作与合作，走上了独立导演和商业艺术家的品牌之路。

艺术是创作表达，是探索生命价值和寻找自我的旅程。初期或许需要从他人的声音中确认自己的价值，但随着成长和积累，更多的力量会回归到自己身上。这包括从怀疑到自信，从接纳到允许，从鼓励到鼓舞并展现自己。

随着帮助品牌不断创造价值，我对商业艺术的事业更有信心，更聚焦于客户想要实现的目标，更好地去坚持。随着职业规划的理性与逻辑逐渐完善，艺术家的职业路径也更加明朗，赋予了我个性化风采。

自然与艺术的神秘启发

感谢行走的每一步，我去过世界上 40 多个国家，从外在视野的观瞻，到心灵世界的内观。藏历马年经历冈仁波齐转山，克服恐惧，跨越广阔的山海，背着相机漫游在冰雪覆盖的冰岛，目睹神秘的极光，那是一次与自然对话的冒险之旅。

当大提琴的音符在寂静的冰岛上空响起，悠扬的音乐拨动了我的心弦，我体会到生命的深度和心灵的宁静。大自然与音乐的和谐交汇，让我感受到宇宙的神秘之美。

美国雪士达山展现着冷峻而纯净的风采，科罗拉多大峡谷则经历了几十亿年的自然演变。站在山巅，俯瞰着未来的无尽可能，心灵仿佛飞翔在时空之间。而在羚羊谷，我感知到意识创造的炫彩，见证着认知在多元形态中的流动。大自然的巧夺天工仿佛预示着一种智慧：

当我们的意识转变，便能领略到截然不同的境界。天马行空的想象和内心升华的感觉，都在努力通过自己的作品表达出来。

这些珍贵的经历都激发了我对电影、视觉艺术和生活的热爱，也成为自己在艺术创作中丰富的灵感来源。

俯瞰品牌生命力的传奇

在写作此文时，我正准备乘坐飞机从广州飞回上海，俯瞰广阔天地，旭日东升，一架飞机缓缓滑行，启航飞翔。我想起了一首宁静而充满希望和力量的轻音乐作品 *Begin the Light*，这个瞬间让我联想到最近的感悟：每一次探索艺术、发现和创造的旅程都如同这慢慢升起的太阳，照亮和温暖人们的心灵。艺术家的创造是感知与直觉的结晶，每一个被照亮的灵感，都在转化和传递中照亮下一刻的世界。

品牌不仅是一个形象，更是一个鲜活的故事，一个有深度内涵的生命体。为每一个品牌创作影像，就如同为品牌内在的灵动生命发声和表达，让大众可以感受到美的震撼，产生共鸣，回归自然和本质。

我相信，真正的商业应该是一种社会责任和对美的追求。高价值的品牌都有共同的特征，比如传承、价值观、社会责任和影响力。

当人们的物质需求得到满足，就开始追求理想中的精神生活。品牌需要和大众进行有效的沟通，并促进行动力提升，而这种沟通就是对更高价值的目标、情感和美学的探索。

当我们心中装着俯瞰人间的浩瀚蓝图，每一个品牌故事都是对宇宙间生命力的回应，都是在描绘宇宙传奇的精彩篇章。

品牌之心：高价审美

艺术审美所传递的一种独特的韵味、一个眼神、一抹色彩、一种姿态、一段旋律都能影响人的情绪。一切审美方式的起点，都是对某种特殊情感的亲身感受。唤起这种感情是艺术创作者以声色之美传递心灵之美的过程，用对生命的深刻理解与观众的心灵产生共鸣。

高端成功的品牌，审美品位更好的地方在于聚焦影响力和社会责任。品牌的生命力价值在于是否有人去传播它、分享它，以及不断地去提炼品牌的资产：什么是真正的品牌？可以不断去传承与衍生真正的价值。

在与众多明星的合作中，能打动观众的是我捕捉到的生命力以及品牌故事中所展现的深厚的企业文化、背后的人、一段段珍贵的记忆。这些都是品牌最宝贵的资产，是生生不息的力量凝聚与感动的传承。

今天的真正艺术，源自对"心"力量的真实启示。这需要独一无二的人生经历和积累，一种敏锐共鸣宇宙万物的觉知。这种感知的洞见，也在时间的历练中，滋生出独特的艺术养分。

万物回归"心"，学会放下、不执着于万物，心才会显现。当我们能够看到"心"的时候，就能够抚慰内心，发现提升认知的机会，形成自省、自由、自主的心态，感受和经历生命。星河宇宙、山川大地、世故人生——所有的认知和想象，一切由心而生。

开启对生命的观照，对生命内心的醒觉，破除有限认知中的"无名"，我们才能"明心见性"。在超越认知的瞬间，让心焕发出独一无二的新生光彩，尊重每一个存在的唯一性，最终回归与大众和谐相处的"合一体"。

照见品牌的本真世界

我很喜欢一句深具启发性的话:"曾经什么照亮过你,就用什么去照亮世界。"

艺术的本体如果像太阳,那么艺术的各种创造形式所释放出来的能量就如同光,为世界带来光明和温暖,展现真正有价值的美。

感谢我在生命旅程中,邂逅了艺术之光,启迪了人生旅途中的每一次选择。在每一次跨越新境界的顿悟瞬间,我日渐明确自己的艺术事业源自为品牌和客户实现梦想的创新价值。

打开新世界之门需要实力,更需要对艺术有极致追求的初心,鼓起勇气,突破限制,持之以恒,去发现这个世界的规律,寻找心灵和自然的魔法,呈现未知的、美丽的、幸福的世界。

在您阅读这本书时,我刚完成了我的个人著作《IP故事片价值资产:释放巨大能量,引爆影响力》,其中融入神奇的价值公式、发售金字塔模型、故事力资产,有实用而深刻的智慧,助力打造独具竞争力的品牌,为企业提供了实用的操作指南,帮助它们在激烈的市场竞争中脱颖而出。如果我们有机会深入交流,希望其中凝聚的智慧会带给您更独特的见解和更广阔的视野。

这篇文章,是我们偶然相遇的一次契机。如果您是一位寻求独特视角的品牌创新者和引领者,怀揣着品牌梦想,希望您能在我的分享中找到信任、产生共鸣,更重要的是获得一份希望与力量,让我和您一起,以丰富的商业艺术体验,共赏品牌生命的时光交响曲。